ボイラー技士免許試験学習書

炎の2級ボイラー技士
［テキスト&問題集］

石原鉄郎

本書内容に関するお問い合わせについて

このたびは翔泳社の書籍をお買い上げいただき、誠にありがとうございます。弊社では、読者の皆様からのお問い合わせに適切に対応させていただくため、以下のガイドラインへのご協力をお願い致しております。下記項目をお読みいただき、手順に従ってお問い合わせください。

●ご質問される前に

弊社Webサイトの「正誤表」をご参照ください。これまでに判明した正誤や追加情報を掲載しています。

正誤表　https://www.shoeisha.co.jp/book/errata/

●ご質問方法

弊社Webサイトの「刊行物Q&A」をご利用ください。

刊行物Q&A　https://www.shoeisha.co.jp/book/qa/

インターネットをご利用でない場合は、FAXまたは郵便にて、下記"翔泳社 愛読者サービスセンター"までお問い合わせください。
電話でのご質問は、お受けしておりません。

●回答について

回答は、ご質問いただいた手段によってご返事申し上げます。ご質問の内容によっては、回答に数日ないしはそれ以上の期間を要する場合があります。

●ご質問に際してのご注意

本書の対象を越えるもの、記述個所を特定されないもの、また読者固有の環境に起因するご質問等にはお答えできませんので、予めご了承ください。

●郵便物送付先およびFAX番号

送付先住所　〒160-0006　東京都新宿区舟町５
FAX番号　03-5362-3818
宛先　（株）翔泳社 愛読者サービスセンター

はじめに

みなさん、こんにちは。炎のボイラー技士の著者の石原鉄郎です。翔泳社の「炎シリーズ」に2級ボイラー技士がラインナップされると聞き、思わず膝を打ちました。これほど炎が似合う資格が他にあるでしょうか。実際に、ガス火炎や油火炎、炎検出器など、「炎」に関する事項が出題されるのは、2級ボイラー技士において他にありません。

さて、2級ボイラー技士は、2種電気工事士、3種冷凍機械責任者、乙4類危険物取扱者とともに、ビルメンテナンス業への就職に有利な資格「ビルメンセット」の一つと言われています。ただ、昨今はビルへのボイラーの設置件数の減少から、2級ボイラー技士に代わり、消防設備士こそが「ビルメンセット」であるという考えもあります。みなさんはどう思いますか？

確かに、ビルの暖房や給湯の用途にボイラーが用いられなくなってきたのは事実です。一方、もっと広い目でみれば食品工場、化学工場、製油所、火力発電所などでは、物を加熱する用途にボイラーが用いられ、現在も活躍しています。

また、人類が火を使用し始めたのは諸説ありますが、100万年から75万年前だと言われ、いずれにしてもかなり昔からです。そして、世界中の「火」を表す言葉は、「はひふへほ」から始まる音だそうです。日本語「ヒ」、英語「ファイア」、中国語「フゥオ」、スペイン語「フエゴ」など。これは、人間が火を起こすときに、燃焼用空気を、口を使って吐息とともに送り込むときの音、「フー」に由来しているそうです。まさに世界中の人類の生活のベースに火があり、世界中の人類は火とともに生きてきたのです。そしてこれからも、ヒトは火とともに生きていくのです。（ここはダジャレです）

人類がいる限り炎を使い、炎を使う限りボイラーは不滅です。さあ、みなさんも、燃える男、炎の先輩（若干、暑苦しいですが）とともに、2級ボイラー技士を目指しましょう。

2021年7月　石原鉄郎

CONTENTS | 目次

Information | 試験情報

◆ボイラー技士免許試験とは

ボイラー技士免許試験は公共財団法人 安全衛生技術試験協会が主催する国家試験です。ボイラー技士は、ビル、病院、工場など建造物のボイラーの安全を保つための監視・調整・検査などの業務を行ないます。ボイラー技士免許には、特級、1級、2級があります。

◆試験の内容

試験は以下の4科目について行われ、各10問（100点）ずつ、計40問（400点満点）出題されます。

試験科目	問題数	試験時間
ボイラーの構造に関する知識	10問	3時間
ボイラーの取扱いに関する知識	10問	
燃料及び燃焼に関する知識	10問	
関係法令	10問	

試験は5肢択一のマークシート形式で行い、試験時間は3時間です。合格基準は科目ごとの得点が40％以上でかつ合計点が60％以上です。

◆受験資格・受験地

受験資格は必要ありません。

試験は、（公財）安全衛生技術試験協会の全国7か所の支所（安全衛生技術センター）で1か月に1～2回行われます。そのほか、各都道府県で年１回程度の出張特別試験も行われます。

◆詳細情報・問い合わせ先

試験内容に関する詳細、最新情報は、試験のホームページで必ずご確認ください。各受験地の試験予定日の確認などもこちらからできます。

公共財団法人 安全衛生技術試験協会　https://www.exam.or.jp/

Structure ｜ 本書の使い方

本書では、4科目ある試験科目の内容を、33テーマ（全8章）に分けて解説しています。各章末には演習問題があり、巻末には模擬問題があります。

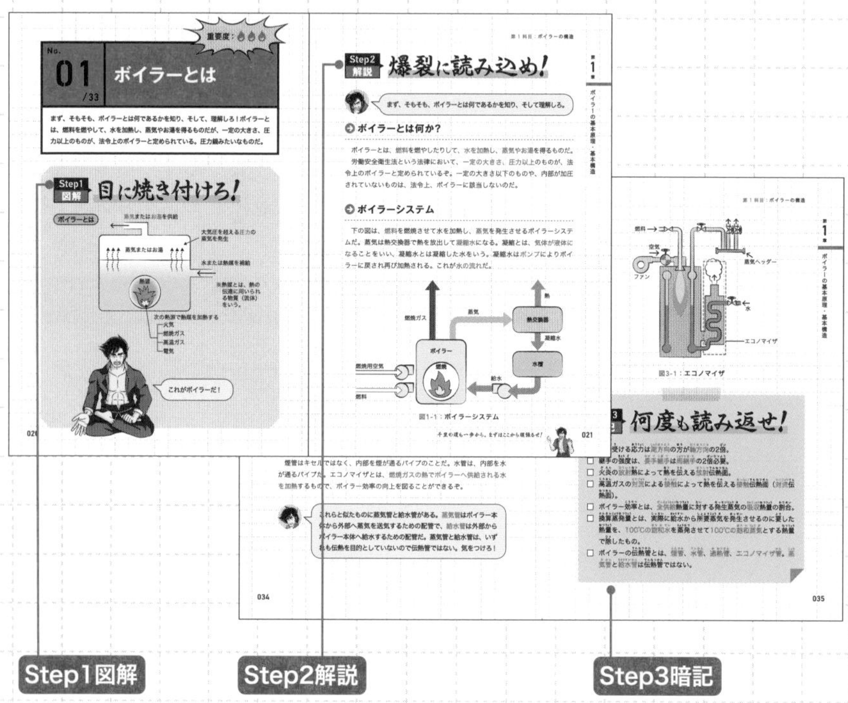

◆テキスト部分

各テーマは、3ステップで学べるように構成しています。

Step1図解：重要ポイントのイメージをつかむことができます。

Step2解説：丁寧な解説で、イメージを理解につなげることができます。

Step3暗記：覚えるべき最重要ポイントを振り返ることができます。

重要な箇所はすべて赤い文字で記していますので、附属の赤シートをかけて学習すると効果的です。

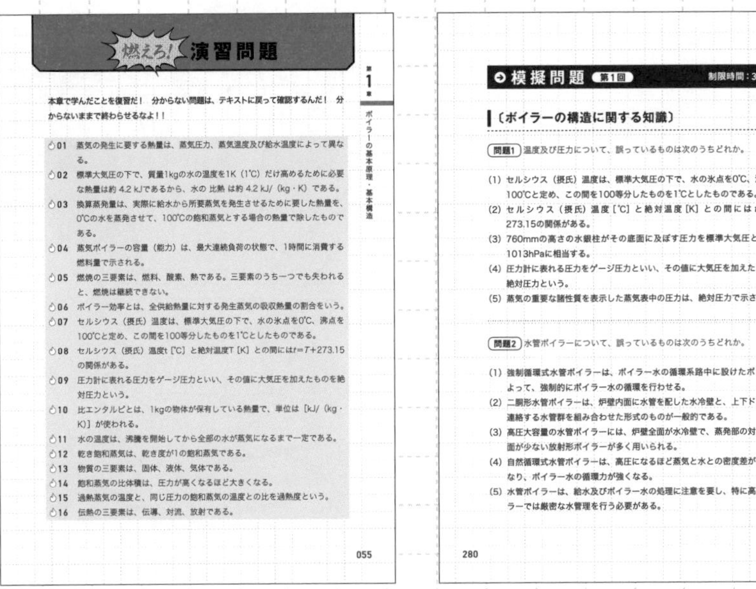

燃えろ! 演習問題

第1章 ボイラーの基本原理・基本構造

本章で学んだことを復習だ！　分からない問題は、テキストに戻って確認するんだ！　分からないままで終わらせるなよ！！

01 蒸気の発生に要する熱量は、蒸気圧力、蒸気温度及び給水温度によって異なる。
02 標準大気圧の下で、質量1kgの水の温度を1K（1℃）だけ高めるために必要な熱量は約 4.2 kJであるから、水の 比熱 は約 4.2 kJ/（kg・K）である。
03 換算蒸発量は、実際に給水から所要蒸気を発生させるために要した熱量を、0℃の水を蒸発させて、100℃の飽和蒸気とする場合の熱量で除したものである。
04 蒸気ボイラーの容量（能力）は、最大連続負荷の状態で、1時間に消費する燃料量で示される。
05 燃焼の三要素は、燃料、酸素、熱である。三要素のうち一つでも失われると、燃焼は継続できない。
06 ボイラー効率とは、全供給熱量に対する発生蒸気の吸収熱量の割合をいう。
07 セルシウス（摂氏）温度は、標準大気圧の下で、水の氷点を0℃、沸点を100℃と定め、この間を100等分したものを1℃としたものである。
08 セルシウス（摂氏）温度t［℃］と絶対温度T［K］との間には$t=T+273.15$の関係がある。
09 圧力計に表れる圧力をゲージ圧力といい、その値に大気圧を加えたものを絶対圧力という。
10 比エンタルピとは、1kgの物体が保有している熱量で、単位は［kJ/（kg・K)］が使われる。
11 水の温度は、沸騰を開始してから全部の水が蒸気になるまで一定である。
12 乾き飽和蒸気は、乾き度が1の飽和蒸気である。
13 物質の三要素は、固体、液体、気体である。
14 飽和蒸気の比体積は、圧力が高くなるほど大きくなる。
15 過熱蒸気の温度と、同じ圧力の飽和蒸気の温度との比を過熱度という。
16 伝熱の三要素は、伝導、対流、放射である。

055

模擬問題 第1回　制限時間：3時間

〔ボイラーの構造に関する知識〕

問題1 温度及び圧力について、誤っているものは次のうちどれか。

(1) セルシウス（摂氏）温度は、標準大気圧の下で、水の氷点を0℃、沸点を100℃と定め、この間を100等分したものを1℃としたものである。
(2) セルシウス（摂氏）温度［℃］と絶対温度［K］との間には $t=T+273.15$の関係がある。
(3) 760mmの高さの水銀柱がその底面に及ぼす圧力を標準大気圧といい、1013hPaに相当する。
(4) 圧力計に表れる圧力をゲージ圧力といい、その値に大気圧を加えたものを絶対圧力という。
(5) 蒸気の重要な諸性質を表示した蒸気表中の圧力は、絶対圧力で示される。

問題2 水管ボイラーについて、誤っているものは次のうちどれか。

(1) 強制循環式水管ボイラーは、ボイラー水の循環系路中に設けたポンプによって、強制的にボイラー水の循環を行わせる。
(2) 二胴形水管ボイラーは、炉壁内面に水管を配した水冷壁と、上下ドラムを連絡する水管群を組み合わせた形式のものが一般的である。
(3) 高圧大容量の水管ボイラーには、炉壁全面が水冷壁で、蒸発部の対流伝熱面が少ない放射形ボイラーが多く用いられる。
(4) 自然循環式水管ボイラーは、高圧になるほど蒸気と水との密度差が大きくなり、ボイラー水の循環力が強くなる。
(5) 水管ボイラーは、給水及びボイラー水の処理に注意を要し、特に高圧ボイラーでは厳密な水管理を行う必要がある。

280

◆演習問題

章内容の知識を定着させられるよう、章末には演習問題を用意しています。分からなかった問題は、各テーマの解説に戻るなどして、復習をしましょう。

◆模擬問題

2回分の模擬問題を用意しています。模擬問題を解くことで、試験での出題のされ方や、時間配分などを把握できます。

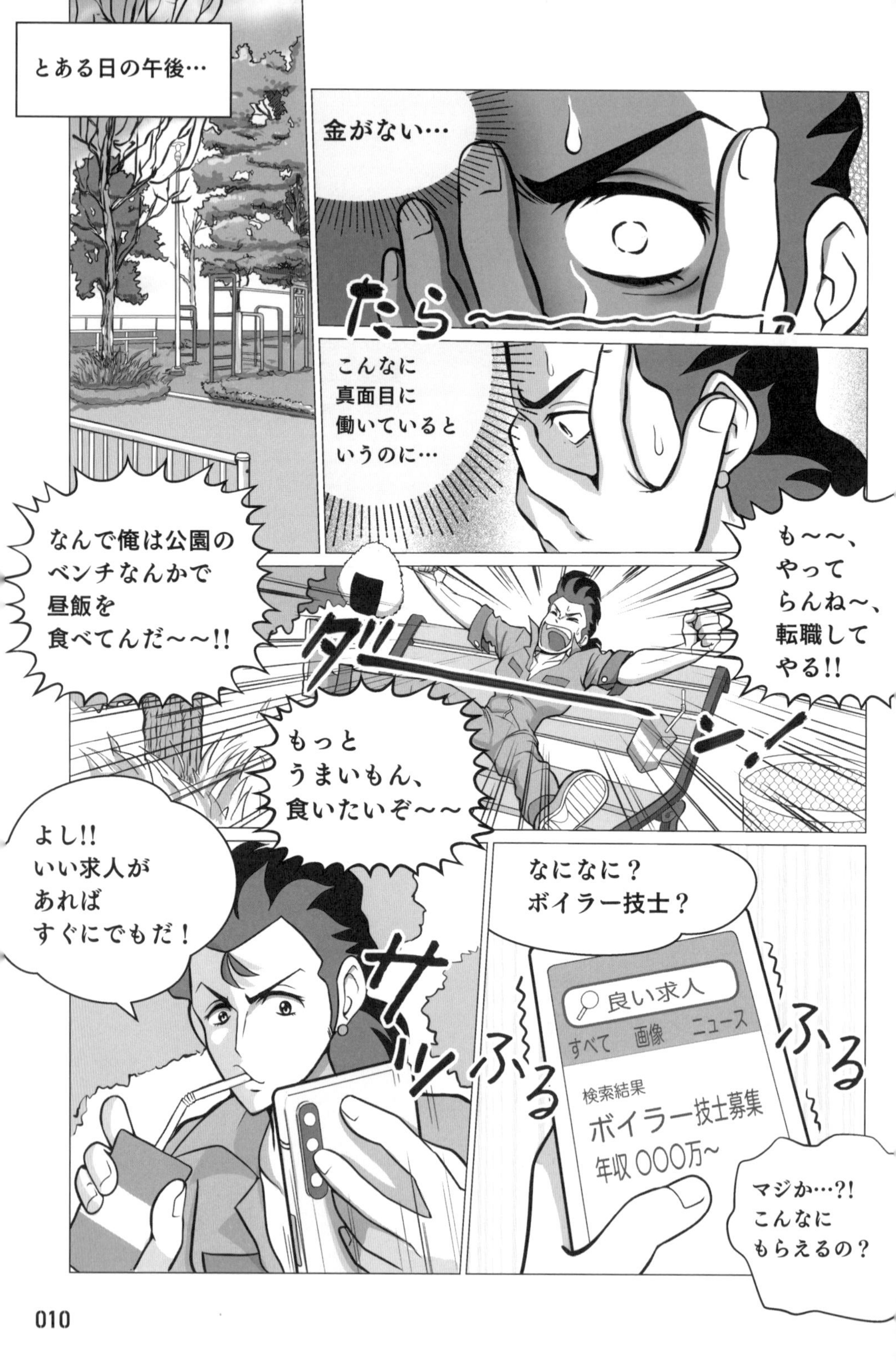
とある日の午後…
金がない…
たら〜〜〜〜〜
こんなに真面目に働いているというのに…
なんで俺は公園のベンチなんかで昼飯を食べてんだ〜〜!!
も〜〜、やってらんね〜、転職してやる!!
ダン!
もっとうまいもん、食いたいぞ〜〜
よし!!いい求人があればすぐにでもだ！
サッ
ふる
なになに？ボイラー技士？
良い求人
すべて　画像　ニュース
検索結果
ボイラー技士募集
年収 000万~
ふる
マジか…?!こんなにもらえるの？

でも、
ボイラー技士って
なんだ？
ちゅ〜
？
初耳だぜ！
知りたいのか…
ボイラー技士のことを…
ふっ、いいだろう…
ゴゴゴゴゴ…
ヤッ
ちょ！
ちょちょちょ！
なんだ、
なんだ!!
うわ
ガタッ
えっ?!
って、
あんた
誰？
笑止！
俺が誰かなんて、
そんなことは
どうでもいい！
貴様に教えてやろう。
ボイラー技士の
ことを！
マジかぁ〜
グワ！

バンッ
ボイラー技士とは
いいか。
ボイラー技士というのは、
一定規模以上のボイラーの
運用や管理、保守点検など
を行うための国家資格だ！
ふむ
ふむ
ふむ
ビル管理会社、
工場、ホテル等々、
活躍の場は非常に
多い！
トンッ
トンッ
つまり、
こんなのや
こんなのを
取り扱うことが
できるのだ。
ただし!!
ボイラー技士になれば、
仕事の幅が広がり、
活躍の場が増えて、
就職や転職に有利と
いうことが
よく分かるだろう
フッ
ぱぁ〜っ
ギラッ

ボイラー技士は
誰でもなれるわけではない！
試験に合格する必要がある!!
ドドドドドドドドドドド
ワワワ
どのような
試験なのでしょうか？
その試験というのは…
うむ！
ボイラー技士の
試験には、特級、1級、2級があるが、
まずは2級から
取るといい。
ぐぬぬぬ…
やっぱりかぁ〜
科目ごとの得点が
40％以上で、
かつ合計点が
60点以上で
合格だ！
・ボイラーの構造に関する知識
・ボイラーの取扱いに関する知識
・燃料及び燃焼に関する知識
・関係法令
試験の
内容は
この4科目があって、
各10問、合計40問出題
される。
ドンッ

そんなに
勉強している
ヒマなんか
ねーーって
ガバッ
ああああ
そっ
うるっ
自分の仕事の
閑散期を狙って
受験することも
可能だ！
大丈夫！
2級は毎月1回ほど
行われているから
柔軟に受験日を
決められる！
6月
7月
8月
9月
大丈夫だ！
受験資格は
特にないから、
誰でも
受けられる！
グッ
ワナ
ワナ
ボイラー
なんて
触ったことも
ねーし
安心
しろ。
大丈夫だ。
俺がイチから
教えてやる。
フッ
俺、昔から
勉強とかって
大嫌いなんだ！
ぶわっ

合格に必要な
知識は、
トンッ
すべてここに
ある！
ぱあぁあぁぁ
だから心配
しなくていい。
さぁ、はじめるぞ！
俺についてこい!!
うおおおぉ…
バババーン

Special　読者特典のご案内

本書の読者特典として、各章末に掲載されている一問一答の演習問題をすべて収録したWebアプリをご利用いただけます。お持ちのスマートフォン、タブレット、パソコンなどから下記のURLにアクセスし、ご利用ください。

◆読者特典Webアプリ

https://www.shoeisha.co.jp/book/exam/9784798172019

画面例

※この画面は同シリーズ別書籍の例です。

ご利用にあたっては、SHOEISHAiDへの登録と、アクセスキーの入力が必要になります。アクセスキーの入力は、画面の指示に従って進めてください。

この読者特典は予告なく変更になることがあります。あらかじめご了承ください。

第1科目

ボイラーの構造

ここでは、試験科目の1つめ「ボイラーの構造に関する知識」について学習するぞ！

試験科目	範囲
ボイラーの構造に関する知識	熱及び蒸気、種類及び型式、主要部分の構造、材料、据付け、附属設備及び附属品の構造、自動制御装置
ボイラーの取扱いに関する知識	点火、使用中の留意事項、埋火、附属装置及び附属品の取扱い、ボイラー用水及びその処理、吹出し、損傷及びその防止方法、清浄作業、点検
燃料及び燃焼に関する知識	燃料の種類、燃焼理論、燃焼方式及び燃焼装置、通風及び通風装置
関係法令	労働安全衛生法、労働安全衛生法施行令及び労働安全衛生規則中の関係条項、ボイラー及び圧力容器安全規則、ボイラー構造規格中の附属設備及び附属品に関する条項

第1章

ボイラーの基本原理・基本構造

アクセスキー　S
（小文字のエス）

重要度：🔥🔥🔥

No. 01 /33

ボイラーとは

まず、そもそも、ボイラーとは何であるかを知り、そして、理解しろ！ボイラーとは、燃料を燃やして、水を加熱し、蒸気やお湯を得るものだが、一定の大きさ、圧力以上のものが、法令上のボイラーと定められている。圧力鍋みたいなものだ。

Step1 図解 目に焼き付けろ！

Step2 解説 爆裂に読み込め！

まず、そもそも、ボイラーとは何であるかを知り、そして理解しろ。

ボイラーとは何か？

ボイラーとは、燃料を燃やしたりして、水を加熱し、蒸気やお湯を得るものだ。

労働安全衛生法という法律において、一定の大きさ、圧力以上のものが、法令上のボイラーと定められているぞ。一定の大きさ以下のものや、内部が加圧されていないものは、法令上、ボイラーに該当しないのだ。

ボイラーシステム

下の図は、燃料を燃焼させて水を加熱し、蒸気を発生させるボイラーシステムだ。蒸気は熱交換器で熱を放出して凝縮水になる。凝縮とは、気体が液体になることをいい、凝縮水とは凝縮した水をいう。凝縮水はポンプによりボイラーに戻され再び加熱される。これが水の流れだ。

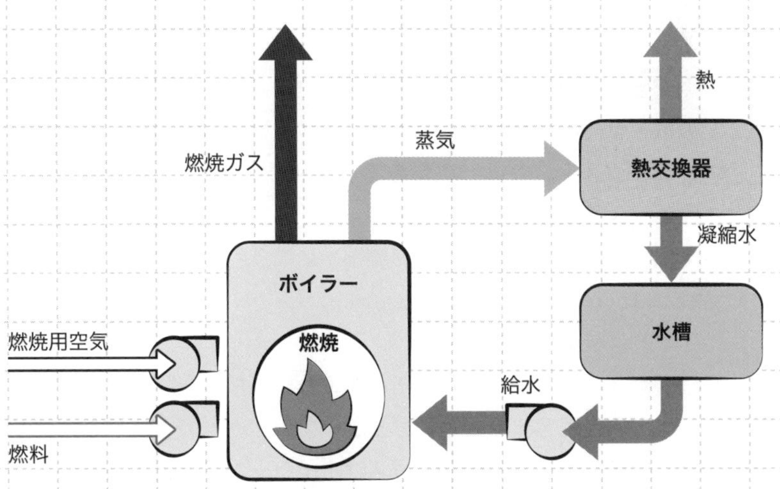

図1-1：ボイラーシステム

千里の道も一歩から。まずはここから頑張るぜ！

燃料は、燃焼用空気とともにボイラーに供給されて燃焼し、燃焼した後のガスである燃焼ガスが排出される。これが炎の流れだ。

ボイラーには、水の流れと炎の流れがあることを理解しろ。

Step3 暗記 何度も読み返せ！

- □ ボイラーとは、燃料を燃やしたりして、水を加熱し、蒸気やお湯を得るもの。
- □ 労働安全衛生法において、一定の大きさ、圧力以上のものが、法令上のボイラーと定められている。
- □ ボイラーシステムとは、燃料を燃焼させて水を加熱し、蒸気を発生させるシステム。
- □ 蒸気は熱交換器で熱を放出して凝縮水になる。
- □ 凝縮とは、気体が液体になることをいう。
- □ 凝縮水とは凝縮した水をいう。
- □ 凝縮水はポンプによりボイラーに戻され再び加熱される。
- □ 燃料は、燃焼用空気とともにボイラーに供給されて燃焼する。
- □ 燃焼した後のガスである燃焼ガスはボイラーから排出される。

重要度：🔥🔥🔥

No. 02 /33

熱と蒸気

熱と蒸気に関しては、次の3つの三要素がある。燃焼の三要素、伝熱の三要素、そして、物質の三要素だ。燃焼の三要素は、燃料、酸素、熱。伝熱の三要素は、伝導、対流、放射。物質の三要素は、固体、液体、気体。

Step1 図解 目に焼き付けろ！

①燃焼の三要素

燃焼の三要素は、燃料、酸素、熱だ。三要素のうち1つでも失われると、燃焼は継続できない。

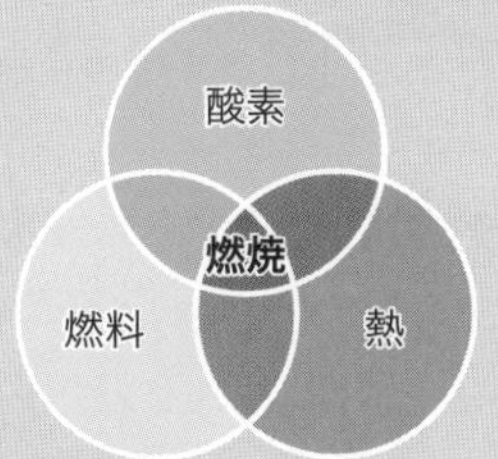

②伝熱の三要素

伝熱の三要素は、伝導、対流、放射だ。

③物質の三要素

物質の三要素は、固体、液体、気体だ。物質は圧力・温度により状態が異なり、次の3つの状態（三態という）となる。

- 固体：氷、石炭（常温）など
- 液体：水、石油（常温）など
- 気体：水蒸気、空気（常温）、都市ガス（常温）など

状態変化は次のとおりだ。

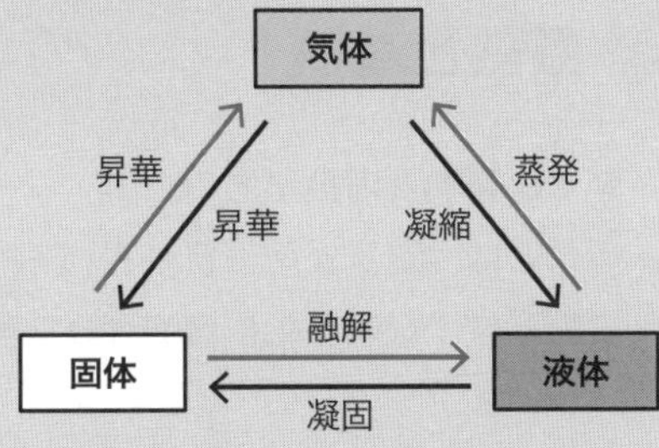

Step2 解説 爆裂に読み込め！

熱と蒸気に関しては、3つの三要素があるぞ！

熱伝導、熱伝達、熱貫流

ボイラーでの高温の炎から低温の水への熱の流れは、熱伝導と熱伝達による熱貫流によるものだ。熱伝達とは、液体または気体が個体壁に接触して、個体壁との間で熱が移動する現象をいう。

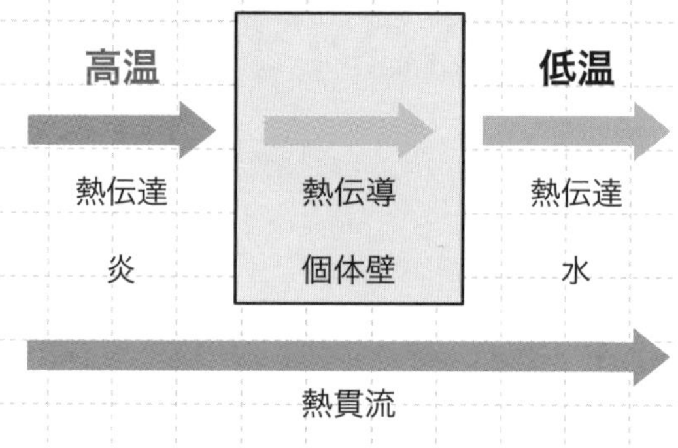

図2-1：熱伝導、熱伝達、熱貫流

顕熱と潜熱

熱には顕熱と潜熱がある。

- 顕熱とは、温度変化に費やされる熱である。
- 潜熱とは、状態変化に費やされる熱である。

比熱

顕熱の指標に比熱がある。比熱とは、1kgの物質の温度を1K（1℃）上昇させるのに要する熱の量である。[K] とはケルビンといい、絶対温度の単位だ。

説明は後でする。

水の比熱は、4.187［kJ/（kg・K）］である。［J］はジュールといい、熱の量、熱量の単位だ。1kgの水の温度を1K（1℃）上昇させるのに必要な熱量は4.187kJである。

比熱の大きい物体は、比熱の小さい物質よりも温まりにくく冷えにくい。

蒸発熱

潜熱の1つに蒸発熱がある。蒸発熱とは、液体から気体の状態変化に費やされる熱の量で、蒸気を発生させるボイラーで利用される熱量だ。

蒸発熱は、1kgの物質を液体から気体に状態変化させるのに要する熱量のことで、圧力が高くなるほど小さくなる。蒸発熱がゼロになるときの圧力を臨界圧力という。

水の蒸発熱は、2,257［kJ/kg］（標準大気圧：1気圧）である。地上の大気の圧力である標準大気圧においては、1kgの水の蒸発熱は2,257kJである。

比エンタルピ

比エンタルピとは、1kgの物質が保有している熱量で、単位は［kJ/kg］が使われる。

- 蒸気の比エンタルピ ＝ 温度変化に要した顕熱 ＋ 状態変化に要した潜熱

摂氏温度と絶対温度

温度には、摂氏温度と絶対温度がある。

摂氏温度［℃］は、セルシウス温度ともいい、標準大気圧のもとで、水が氷る温度である氷点を0℃、水が沸騰する温度である沸点を100℃と定め、この間を100等分したものを1℃としたものだ。

絶対温度［K］とは、気体の熱エネルギーがゼロになる絶対零度を0［K］にした温度である。

絶対零度は−273℃である。セルシウス温度t［℃］と絶対温度T［K］との間には$T=t+273$の関係がある。

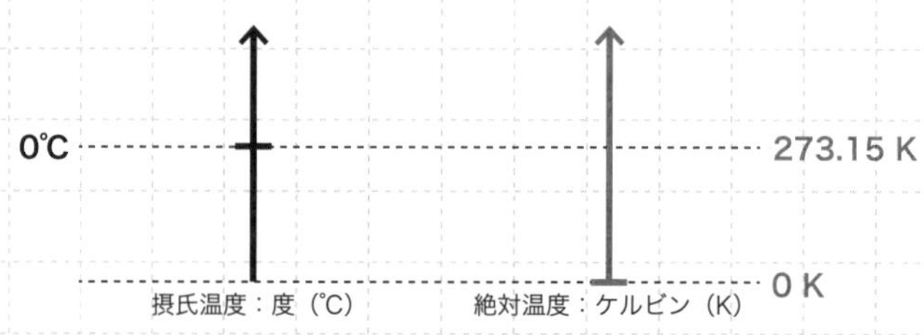

図2-2：摂氏温度と絶対温度

ゲージ圧力と絶対圧力

圧力には、ゲージ圧力と絶対圧力がある。

ゲージ圧力とは、大気圧を基準にした圧力である。圧力計に表示される圧力なのでゲージ圧力という。

絶対圧力とは、圧力ゼロの完全な真空状態を基準にした圧力である。ゲージ圧力に大気圧を加えたものが絶対圧力だ。物理的性質を表す場合には、絶対圧力が使われる。

- 絶対圧力　＝　ゲージ圧力　＋　大気圧

絶対圧力もゲージ圧力も、単位は［MPa］（メガパスカル）など使われる。

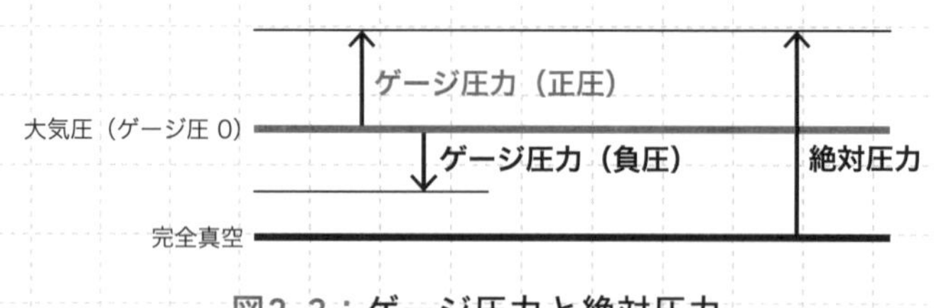

図2-3：ゲージ圧力と絶対圧力

水から蒸気への温度変化と状態変化

下の図は、水から蒸気への温度変化と状態変化を示したグラフだ。

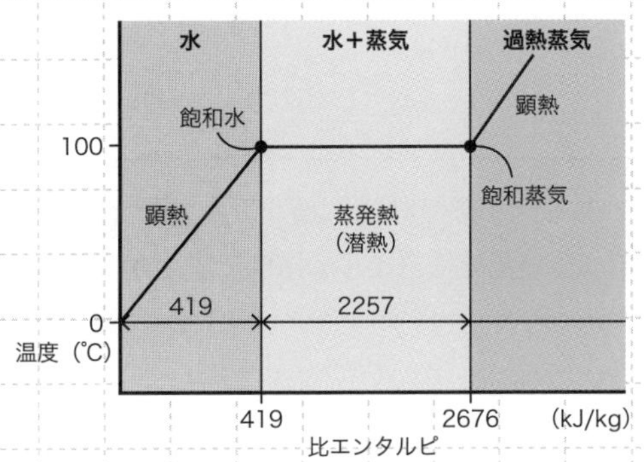

図2-4：水の標準大気圧での状態変化

水は、水⇒**水＋蒸気**⇒**過熱蒸気**の順で変化する。温度は、沸騰を開始してから水のすべてが蒸気になるまで一定である。水＋蒸気の状態を**湿り蒸気**という。

沸点における水を**飽和水**といい、沸点において発生した蒸気を**飽和蒸気**という。飽和水、飽和蒸気の温度を**飽和温度**という。飽和温度とは沸点のことだ。**飽和蒸気**の比エンタルピ（2676kJ/kg）は、**飽和水の顕熱**（419kJ/kg）に**蒸発熱（潜熱）**（2257kJ/kg）を加えた値である。

過熱蒸気とは、飽和蒸気をさらに加熱した、水を含まない蒸気で、**乾き蒸気**ともいう。乾き度とは、1kgの湿り蒸気（水＋蒸気）の中に含まれる**蒸気の質量**［kg］であるが、**乾き度が1**の飽和蒸気を乾き飽和蒸気という。

過熱度とは、**過熱蒸気**と**飽和蒸気**の**温度差**をいう。

水・蒸気と圧力との関係

飽和水になるときの水の温度を**飽和温度**という。飽和温度とは**沸点**のことを指す。標準大気圧のときの水の飽和温度は100℃であるが、圧力が高くなるに従って**飽和温度は高く**なる。高温にならないと飽和水にならないので、飽和水の比エンタルピも、圧力が高くなるに従って**大きく**なる。

密度とは、物質1m^{3}当たりの質量［kg］をいう。飽和蒸気と飽和水との密度の差は、圧力が高くなるにしたがって小さくなる。**比体積**とは、物質1kg当たりの体積［m^3］をいう。比体積は密度の逆数（分数の分母と分子を入れ替えた関係）である。液体である**飽和水**の比体積は圧力が上昇すると**増加**し、気体である**飽和蒸気**の比体積は圧力が上昇すると**減少**する。飽和蒸気と飽和水では**真逆**だ。

気体である飽和蒸気の比体積が、圧力が上昇すると減少するのは、ボイラーだけにボイルの法則で説明がつくな。

ボイルの法則とは、一定の温度下では気体の体積は圧力に反比例することをいう（たとえば気体を加圧すると気体の体積が減少する）。

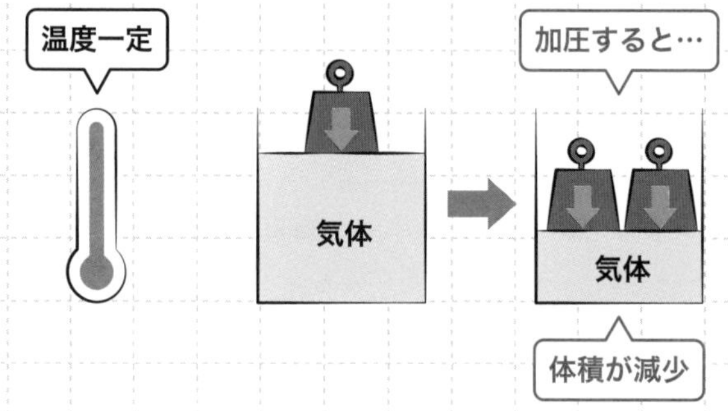

図2-5：ボイルの法則

Step3 暗記

何度も読み返せ！

熱

- □ ボイラーでの高温の炎から低温の水への熱の流れは、熱伝導と熱伝達による熱貫流によるものである。
- □ 顕熱とは、温度変化に費やされる熱である。
- □ 潜熱とは、状態変化に費やされる熱である。

比熱

- □ 比熱とは、1kgの物質の温度を1K（1℃）上昇させるのに要する熱の量である。
- □ 水の比熱は、4.187［kJ/（kg・K)］である。
- □ 比熱の大きい物質は、比熱の小さい物質よりも温まりにくく冷えにくい。

蒸発熱

- □ 蒸発熱とは、1kgの物質を液体から気体に状態変化させるのに要する熱量。
- □ 蒸発熱は、圧力が高くなるほど小さくなる。
- □ 蒸発熱がゼロになるときの圧力を臨界圧力という。
- □ 水の蒸発熱は、2,257［kJ/kg］（標準大気圧）である。

比エンタルピ

- □ 比エンタルピとは、1kgの物質が保有している熱量で、単位は［kJ/kg］が使われる。
- □ 蒸気の比エンタルピ ＝ 温度変化に要した顕熱 ＋ 状態変化に要した潜熱

摂氏温度と絶対温度

- ☐ 摂氏温度［℃］は、セルシウス温度ともいう。
- ☐ 摂氏温度［℃］は、水の氷点を0℃、水の沸点を100℃と定め、この間を100等分したものを1℃としたもの。
- ☐ 絶対温度［K］とは、気体の熱エネルギーがゼロになる絶対零度を0［K］にした温度。
- ☐ 摂氏温度t［℃］と絶対温度T［K］との間には$T=t+273$の関係がある。

ゲージ圧力と絶対圧力

- ☐ ゲージ圧力とは、大気圧を基準にした圧力である。圧力計に表示される圧力なのでゲージ圧力という。
- ☐ 絶対圧力とは、圧力ゼロの完全な真空状態を基準にした圧力である。
- ☐ 絶対圧力　＝　ゲージ圧力　＋　大気圧
- ☐ 物理的性質を表す場合には、絶対圧力が使われる。
- ☐ 絶対圧力もゲージ圧力も、単位は［MPa］（メガパスカル）が使われる。

水から蒸気への温度変化と状態変化

- ☐ 温度は、沸騰を開始してから水のすべてが蒸気になるまで一定である。
- ☐ 水＋蒸気の状態を湿り蒸気という。
- ☐ 沸点における水を飽和水という。
- ☐ 沸点において発生した蒸気を飽和蒸気という。
- ☐ 飽和蒸気の比エンタルピ（2676kJ/kg）は、飽和水の顕熱（419kJ/kg）に蒸発熱（潜熱）（2257kJ/kg）を加えた値である。
- ☐ 過熱蒸気とは、飽和蒸気をさらに加熱した水を含まない蒸気で、乾き蒸気ともいう。
- ☐ 乾き度とは、1kgの湿り蒸気（水＋蒸気）の中に含まれる蒸気の質量［kg］である。

- □ 乾き飽和蒸気とは、乾き度が1の飽和蒸気をいう。
- □ 過熱度とは、過熱蒸気と飽和蒸気の温度差をいう。

水・蒸気と圧力の関係

- □ 飽和水になるときの水の温度を飽和温度という。
- □ 標準大気圧のときの水の飽和温度は100℃であるが、圧力が高くなるに従って飽和温度は高くなる。
- □ 密度とは、物質1m^{3}当たりの質量［kg］をいう。
- □ 飽和蒸気と飽和水との密度の差は、圧力が高くなるにしたがって小さくなる。
- □ 比体積とは、物質1kg当たりの体積［m^3］をいう。
- □ 比体積は密度の逆数（分数の分母と分子を入れ替えた関係）である。
- □ 液体である飽和水の比体積は圧力が上昇すると増加する。
- □ 気体である飽和蒸気の比体積は圧力が上昇すると減少する。

重要度：🔥🔥🔥

No.
03 /33 ボイラーの基本構造

ボイラーの基本構造では、胴の受ける応力、ボイラーと伝熱、ボイラーの容量と効率、伝熱管について理解しよう。伝熱管には、煙管、水管、過熱管、エコノマイザ管がある。煙、水、熱、そしてエコだ。

Step1 図解 目に焼き付けろ！

ボイラーの胴が受ける応力

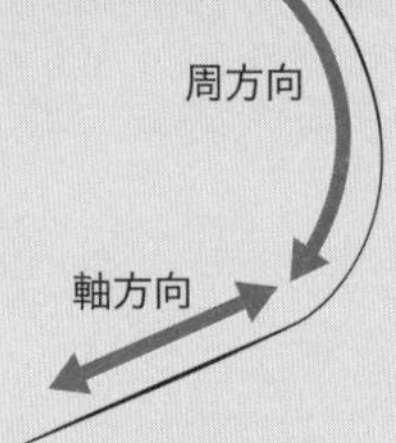

ボイラーの胴の継手

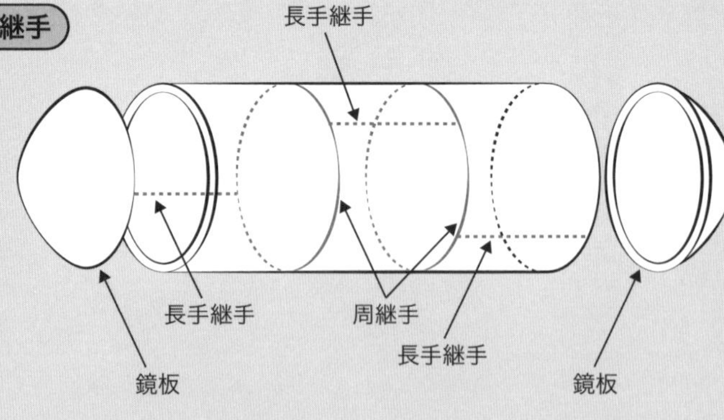

胴とは、ボイラーの円筒形の水の入る容器のことだ！水筒みたいなものと思ってくれ。胴は鋼板を溶接して作られているぞ！

Step2 解説 爆裂に読み込め！

ボイラーは内部の圧力に耐え、熱を効率よく伝えることが肝心だ！

胴の受ける力

胴は、運転中、周方向と軸方向の力を受ける。胴の受ける力は、周方向の方が軸方向の2倍になるぞ。周方向の応力に対抗するのは**長手継手**、軸方向に対抗するのは**周継手**というが、長手継手は周継手の**2倍**の強度が必要だ。応力が大きいのは**周方向**だが、周方向の応力を受け持つのは長手方向の**長手継手**だ。

継手とは、2つの部分を接合する部分をいい、ボイラーの場合は、鋼板を溶接により接合しているぞ！

ボイラーと伝熱

伝熱面とは、燃料の燃焼熱をボイラー水に伝える面のことで次の2つがある。

- **放射伝熱面**：火炎の**放射**熱によって熱を伝える面。
- **接触伝熱面**：高温ガスの**対流による接触**によって熱を伝える面で、**対流伝熱面**ともいう。

放射は触ってなくても熱い。**対流**は熱い流体に触れるから熱い。

ボイラーの容量と効率

蒸気ボイラーの容量（能力）は、最大連続負荷の状態で**1時間に発生する蒸発量**［kg/hまたはt/h］で示されるぞ。

蒸気の発生に要する熱量は、**蒸気の圧力**、**温度及び給水の温度**によって異なるので、ボイラーの容量を換算蒸発量によって示す場合があるんだ。換算蒸発量とは、実際に給水から所要蒸気を発生させるのに要した熱量を基準状態（100℃の飽和水を蒸発させて100℃の飽和蒸気とする熱量）で除したもので、次式で表されるぞ。

$$換算蒸発量＝\frac{実際に給水から所要蒸気を発生させるのに要した熱量}{100℃の飽和水を100℃の飽和蒸気とする熱量}$$

それから、ボイラーの効率とは、全供給熱量に対する発生蒸気の吸収熱量の割合をいうんだ。つまり、燃料の燃焼によって供給された熱を、水がどれだけ吸収したかの割合である。吸収されなかった熱は廃棄され熱損失となるぞ！

伝熱管

伝熱管とは、伝熱の目的で設置されている配管のことで、ボイラーには次のものがあるぞ！

- 煙管：配管内部に燃焼ガス（煙）を通し、配管外部の水を加熱するもの。
- 水管：配管外部の燃焼ガスで、配管内部の水を加熱するもの。ボイラー本体にある。
- 過熱管：配管外部の燃焼ガスで、配管内部の飽和蒸気を加熱し、過熱蒸気とするもの。
- エコノマイザ管：配管外部の燃焼ガスで、配管内部の水を加熱するもの。エコノマイザにある。

煙管はキセルではなく、内部を煙が通るパイプのことだ。水管は、内部を水が通るパイプだ。エコノマイザとは、燃焼ガスの熱でボイラーへ供給される水を加熱するもので、ボイラー効率の向上を図ることができるぞ。

これらと似たものに蒸気管と給水管がある。蒸気管はボイラー本体から外部へ蒸気を送気するための配管で、給水管は外部からボイラー本体へ給水するための配管だ。蒸気管と給水管は、いずれも伝熱を目的としていないので伝熱管ではない。気をつけろ！

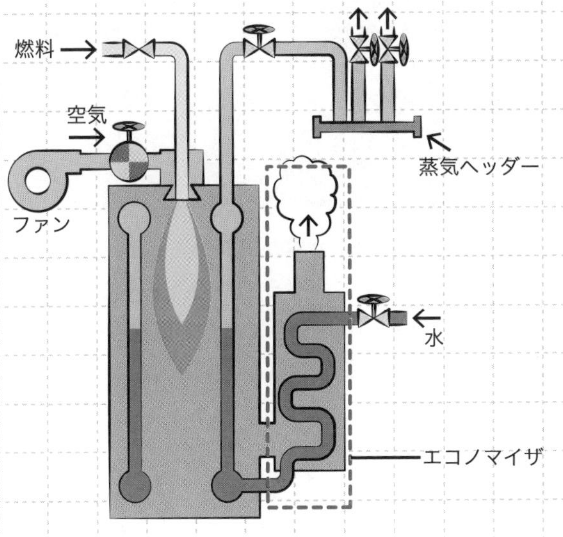

図3-1：エコノマイザ

Step3 暗記 何度も読み返せ！

- □ 胴の受ける応力は周方向の方が軸方向の2倍。
- □ 継手の強度は、長手継手は周継手の2倍必要。
- □ 火炎の放射熱によって熱を伝える放射伝熱面。
- □ 高温ガスの対流による接触によって熱を伝える接触伝熱面（対流伝熱面）。
- □ ボイラー効率とは、全供給熱量に対する発生蒸気の吸収熱量の割合。
- □ 換算蒸発量とは、実際に給水から所要蒸気を発生させるのに要した熱量を、100℃の飽和水を蒸発させて100℃の飽和蒸気とする熱量で除したもの。
- □ ボイラーの伝熱管とは、煙管、水管、過熱管、エコノマイザ管。蒸気管と給水管は伝熱管ではない。

重要度：🔥🔥🔥

No.

04 /33 丸ボイラー

丸ボイラーとは、水を入れる容器が円筒形をしているボイラーだ。丸ボイラーには、円筒を立てた形の立てボイラーや円筒を横にした形の炉筒煙管ボイラーなどがある。丸ボイラーの代表選手である炉筒煙管ボイラーの特徴を覚えよう。

Step1 図解 目に焼き付けろ！

炉筒煙管ボイラー

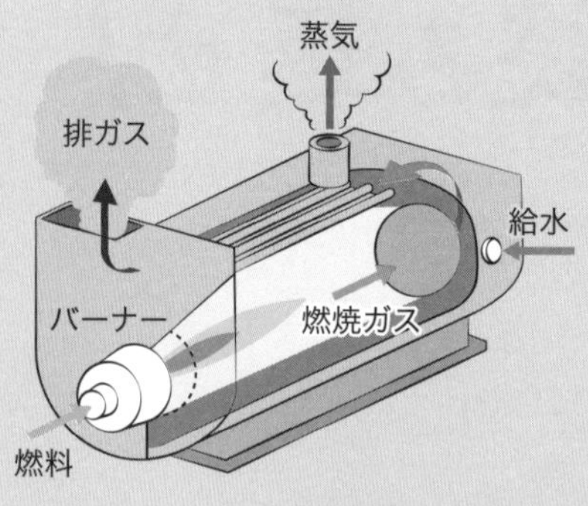

波形炉筒

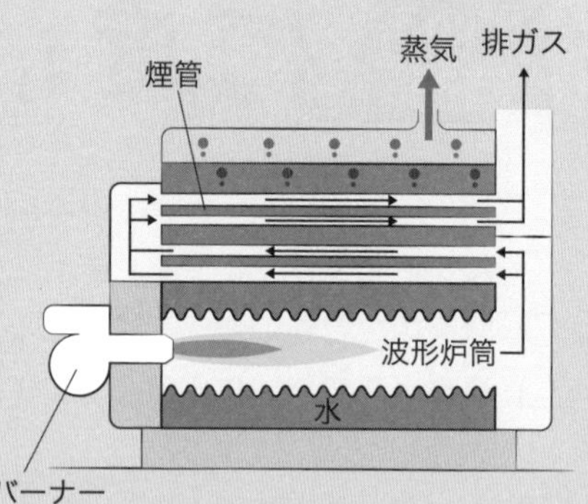

筒状の炉と煙の通る管で構成されたボイラーが炉筒煙管ボイラーだ！炉は炎の放射熱で加熱される放射伝熱面、煙管は煙が接触することで加熱される接触伝熱面だ！

Step2 解説 爆裂に読み込め！

丸ボイラーは、保有水量が多い！

丸ボイラーの特徴

丸ボイラーは、胴と呼ばれる円筒形の容器に貯水して加熱するタイプのボイラーだ。丸ボイラーは直径の大きな胴に貯水し加熱しており、伝熱面積当たりの保有水量が多い。保有水量が多いと、蒸気発生までの起動時間が長くなるが、蒸気の使用量の変動による蒸気圧力の変動が発生しにくくなる。

丸ボイラーの主な特徴は次のとおりだ！

- 伝熱面積当たりの保有水量が多く、
  ⇒負荷の変動によって圧力が変動しにくい。
  ⇒起動から所要蒸気を発生するまでに長時間を要する。
  ⇒破裂の際の被害が大きい。
- 構造が簡単で、設備費が安く、取扱いが容易である。
- 胴の径が大きいので、強度的に高圧のもの及び大容量のものには適さない。

丸ボイラーは胴にたまっている水が多いので、多少、蒸気や温水の使用量が変動しても、胴の中の圧力や温度は変動しにくいんだな。お金持ちが多少お金を使用してもうろたえないのと同じだ！

炉筒煙管ボイラーの構造

丸ボイラーの代表である炉筒煙管ボイラーは、胴の内側に炎の入る炉がある内だき式ボイラーで、直径の大きい炉筒と煙管を組み合せてできている。バーナーで燃料を燃焼させ、燃焼により生じた炎の放射熱により、炉筒を介して胴の中の水が加熱される。さらに燃焼で生じた燃焼ガスの熱により、煙管を介して胴の中の水が加熱される。炉筒は、熱の変化による伸縮を吸収するために鋼板が波打っている。さらに、鋼板が波打つことで伝熱面積を増やし、熱が伝わりやすくなっている。

炉筒は、熱収縮を吸収し伝熱面積を拡大するために**波形炉筒**になっている。炉筒煙管ボイラーに代表される丸ボイラーは、胴が大きく、胴に**保有される水の量が多い**のが特徴だ。

煙管は、伝熱面積を拡大するために、表面にらせん状の突起のついた**スパイラル管**が用いられている。

波形炉筒もスパイラル管も表面積が大きくなるので、伝熱面積が大きくなるぞ！

炉筒煙管ボイラーの燃焼方式

炉筒煙管ボイラーには、炎をバーナーの反対側で反転させて燃焼させる**戻り燃焼方式**や、押し込み送風機により炉内を加圧して燃焼させる**加圧燃焼方式**を採用し、燃焼効率を高めているものもある。

戻り燃焼方式も加圧燃焼方式も、燃焼効率がよくなる燃焼方式だな。

炉筒煙管ボイラーの炉筒

炉筒は加熱されると膨張しようとするが、胴で拘束されているため、炉筒に**圧縮力**が働く。この圧縮力を吸収するために**波形炉筒**が用いられている。波形炉筒は、板が平らな平形炉筒に比べ、外圧に対する強度が大きく、伝熱面積が大きい。波形炉筒には、モリソン形、フォックス形およびブラウン形がある。これらは名前だけ知っていればいい。

また、炉筒の伸縮をできるだけ自由にするため、波形炉筒の伸縮を阻害しないよう、炉筒の周囲に**ブリージングスペース**を設けている。ブリージングスペースには、**ガセットステー**などの補強材を取り付けないようにする。

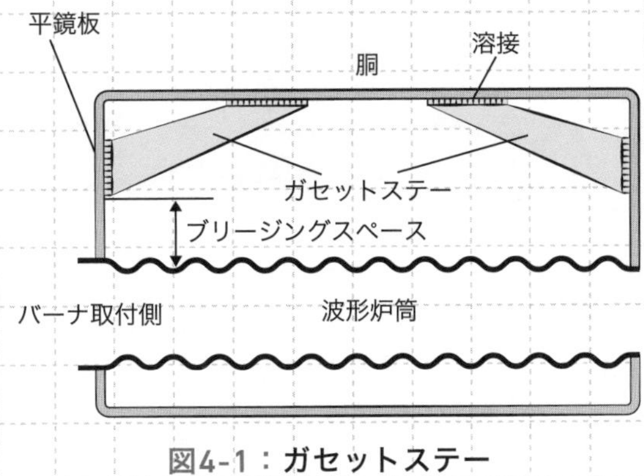

図4-1：ガセットステー

ブリージングスペースのブリージングとは、呼吸という意味だ。炉筒が呼吸するときの肺のように伸縮するから、その部分のスペースを確保するということだ。

炉筒煙管ボイラーの補強材

ステーとは胴の補強材のことをいう。ステーには、**ガセットステー**と**管ステー**がある。ガセットステーは板状の、管ステーは管状の補強材だ。

管ステーは、煙管が接続される板、管板を補強するために管板の穴に差し込み、**ころ広げ（拡管）**して管板に溶接される。また、管ステーの火炎に触れる部分には、焼損を防ぐために**縁曲げ**をする。縁曲げとは、角材の角を曲げて丸くすることをいう。

角ばって尖っているものは脆く、縁曲げして角を取って丸くすることにより、焼損を防いでいるの。人の心も、尖っている心よりも、丸い心のほうが強い。尖った心は脆いものよ！

Step 3 暗記

何度も読み返せ！

丸ボイラー

- □ 丸ボイラーは、胴と呼ばれる円筒形の容器に貯水して加熱するタイプのボイラー。
- □ 伝熱面積当たりの保有水量が多く、負荷の変動によって圧力が変動しにくい。
- □ 構造が簡単で、設備費が安く、取扱いが容易である。
- □ 伝熱面積当たりの保有水量が多く、起動から所要蒸気を発生するまでに長時間を要する。
- □ 伝熱面積当たりの保有水量が多く、破裂の際の被害が大きい。
- □ 胴の径が大きいので、強度的に高圧のもの及び大容量のものには適さない。

炉筒煙管ボイラーの構造

- □ 胴の内側に炎の入る炉がある内だき式ボイラー。
- □ 炉筒は、熱収縮を吸収し伝熱面積を拡大するために波形炉筒。
- □ 煙管は、伝熱面積を拡大するためのスパイラル管。
- □ 燃焼効率を高めるための戻り燃焼方式・加圧燃焼方式。
- □ 炉筒は加熱されると圧縮力が働く。
- □ 波形炉筒は、平形炉筒に比べ、外圧に対する強度が大きく、伝熱面積が大きい。
- □ ブリージングスペースには、ガセットステーなどを取り付けない。
- □ ステーには、ガセットステーと管ステーがある。
- □ 管ステーは、ころ広げ（拡管）して管板に溶接される。
- □ 管ステーの火炎に触れる部分には、焼損を防ぐために縁曲げをする。

重要度：🔥🔥

No. 05 /33

水管ボイラー

水管ボイラーとは、ドラムと呼ばれる円筒形の水の入る容器と、水の通るパイプである水管で構成されるボイラーだ。炉筒煙管ボイラーのパイプには煙が通るのに対して、水管ボイラーのパイプには水が通るぞ！

Step1 図解 目に焼き付けろ！

曲管式水管ボイラー

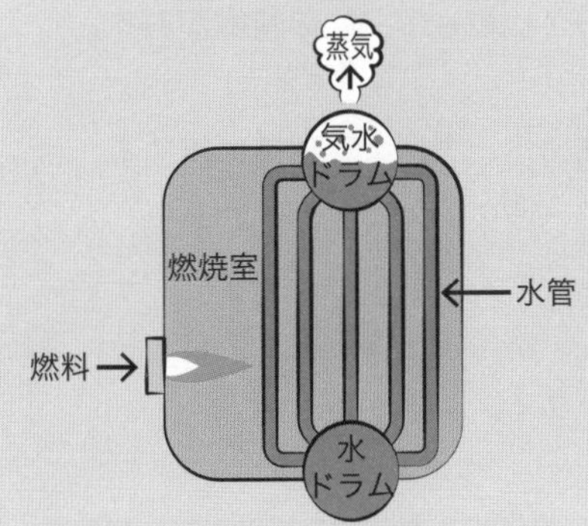

貫流ボイラー

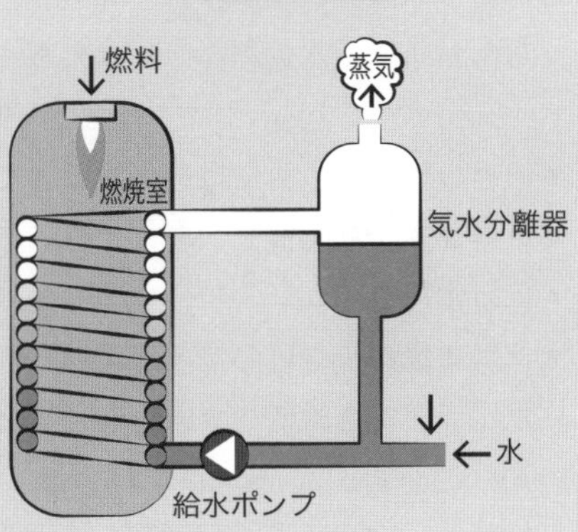

ドラムがあるのが曲管式水管ボイラー、ドラムがないのが貫流ボイラーだ。曲管式は上下のドラム間で水が循環する。貫流ボイラーの水の流れは、入り口から出口まで一気通貫だ！

Step 2 解説 爆裂に読み込め！

水管ボイラーは高圧大容量にも使用できる！

水管ボイラーの特徴

前節の丸ボイラーは、胴と呼ばれる円筒形の容器に貯水して加熱するタイプのボイラーで、立てボイラーや炉筒煙管ボイラーがある。一方、水管ボイラーは、**ドラム**と呼ばれる円筒形の容器と**水管**で構成されており、水管内に水を通して加熱するタイプのボイラーだ。

水管ボイラーは、丸ボイラーの胴よりも**直径の小さい水管**で構成されており、伝熱面積あたりの保有水量は丸ボイラーより**少ない**。また、直径の小さい水管は、直径の大きい胴よりも、構造上、**高圧大容量**のものに適している。

したがって、水管ボイラーは丸ボイラーと比較して、次の特徴がある。

- 直径の小さな水管で構成されるので、構造上、**高圧大容量用**に適する。
- 大容量で伝熱面積を大きくできるので、一般に**熱効率が高い**。
- 保有水量が少ないので、負荷変動によって**圧力及び水位が変動しやすい**。
- 保有水量が少ないので水が濃縮しやすく、**水の処理に注意**を要し、特に高圧ボイラーでは**厳密な水管理**を行う必要がある。

保有水量が少ないとボイラー内部の水が蒸発することにより、ボイラー内部の水にカルシウムやマグネシウムなどの不純物が濃縮しやすい。カルシウムやマグネシウムなどの不純物は、伝熱面にスケールとして付着し、伝熱を阻害するぞ！

➔ 水管ボイラーの水の循環

水管内の水の循環は、高温の気泡を含んだ水と低温の水の密度の差による上昇、下降により行われている。水の循環力は、高温の気泡を含んだ水と低温の水の**密度の差**が大きいほど増加し、密度の差が小さいほど減少する。また、この**密度の差**は、圧力が高くなると小さくなる。したがって、水管ボイラーの圧力が高くなると、密度の差が小さくなり、水の循環力が減少してしまうのだ。

水の圧力が高くなると、温度差による密度の差が小さくなり、水の循環力が小さくなる。ここだけ理解しよう。

水管ボイラーの水の循環方式には**自然循環式**、**強制循環式**がある。自然循環式は、**水の温度差**による**密度の差の循環力**により水を循環させるものである。自然循環式は、高圧になるほど蒸気と水との密度差が小さくなるため、ボイラー水の循環力が弱くなる。

そこで高圧のものには強制循環式が用いられる。強制循環式とは、ボイラー水の循環経路中にポンプを設け、強制的にボイラー水の循環を行わせる形式である。

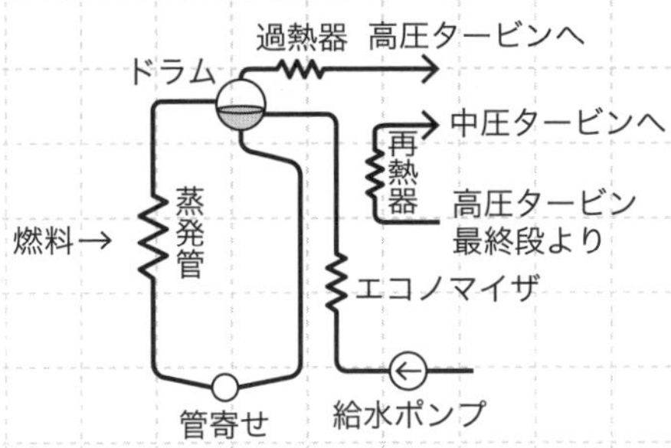

図5-1：自然循環式

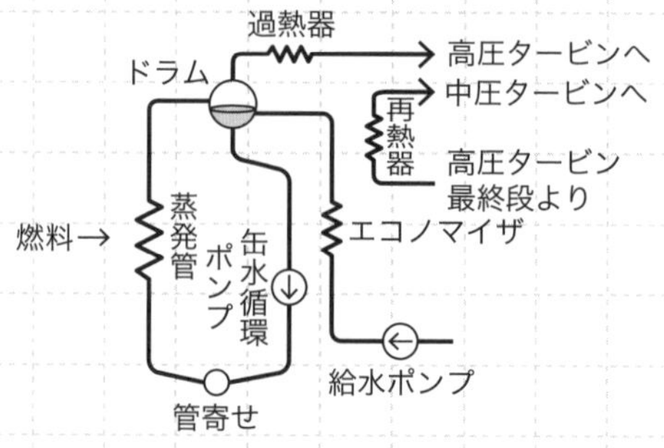

図5-2：強制循環式

➔ 貫流ボイラー

貫流ボイラーは、給水ポンプによって水管の一端から押し込まれた水が、エコノマイザ、蒸発器、過熱器を順次貫流して、他端から所要の蒸気が取り出される。貫流ボイラーは、保有水量が少なく細い水管内で蒸発するので、十分な水の処理を行い、不純物を除去した水を使用する必要がある。さらに、負荷の変動によって圧力変動を生じやすいので、応答の速い給水量及び燃料量の自動制御装置を必要とする。

貫流ボイラーは、特に保有水量が少なく不純物が濃縮しやすい。細い水管でスケールが付着すると厄介なんだ！

貫流ボイラーは、直径の小さい水管だけで構成され、直径の大きなドラムを要しないので、構造上、高圧ボイラーに適している。特に、臨界圧力を超えるような超臨界圧力ボイラーには、専ら貫流ボイラーが用いられている。大規模な火力発電所の超臨界圧力大容量ボイラーから、コンパクトな小容量ボイラーまで、幅広い用途で貫流ボイラーが用いられている。

圧力を加えることによって液化が起こる限界の温度を臨界温度、臨界温度で液化の起こり始める圧力を臨界圧力というぞ。

水管ボイラーの伝熱面

ボイラーの伝熱面には、火炎の放射を伝熱する放射伝熱面と、燃焼ガスの接触により伝熱を行う接触伝熱面（対流伝熱面）があるのは前述したとおりだ。

水管ボイラーのうちの放射型ボイラーは、火炉の炉壁全面に水管を配した水冷壁とし、伝熱面のほとんどを放射伝熱面としたボイラーで、高圧大容量のボイラーに用いられている。ただし、臨界圧力を超えるような超臨界圧力ボイラーは、水管だけで構成される貫流ボイラーが専ら用いられているぞ。

Step3 暗記 何度も読み返せ！

水管ボイラーとは

- □ ドラムと呼ばれる円筒形の容器と水管で構成され、水管内に水を通して加熱するボイラーのことである。
- □ 低圧小容量用から高圧大容量用に適する。
- □ 熱効率が高い。
- □ 保有水量が少なく所要蒸気を発生するまでが短い。
- □ 負荷変動によって圧力や水位が変動しやすい。
- □ 水の処理に注意を要し、高圧ボイラーでは厳密な水管理が必要。
- □ 水の循環方式には自然循環式、強制循環式がある。
- □ 自然循環式は、高圧になるほど温度差による密度の差が小さくなり、水の循環力が減少する。
- □ 強制循環式は、ポンプを設け、強制的に水の循環を行わせる。
- □ 曲管式は、水冷壁と上下ドラムを組み合わせたもの。
- □ 貫流ボイラーは、ドラムがなく水管だけで構成され、水の流れが一気通貫となる。
- □ 放射型ボイラーは、伝熱面のほとんどを放射伝熱面としたボイラーで、高圧大容量のボイラーに用いられている。
- □ 超臨界圧力ボイラーは、貫流ボイラーが専ら用いられる。

重要度：🔥🔥

No. 06 /33

鋳鉄製ボイラー

鋳鉄製ボイラーとは、鋳鉄で出来ているボイラーだ。一方、丸ボイラーや水管ボイラーは鋼で出来ている。鋳鉄は、鋼よりも、炭素の含有量が多く、腐食しにくいが硬くてもろい。だから、高圧のものには適さない。

Step1 図解 目に焼き付けろ！

鋳鉄製ボイラー

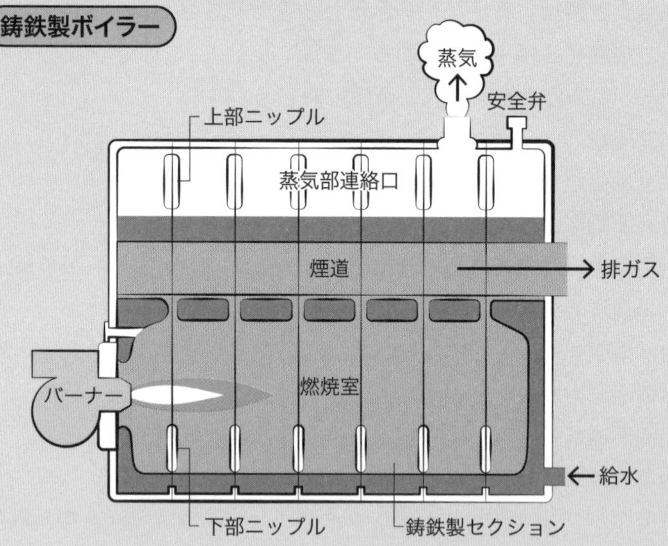

鋳鉄製ボイラーは、セクションと呼ばれる水の入る容器をニップルで連結した構造になっている。ニップルとは短管ともいい、水の通る短いパイプのことだ。

Step2 解説 爆裂に読み込め！

鋳鉄製ボイラーの出題は、ハートフォード式連結法が頻出だぞ！

鋳鉄の特徴

鋳鉄製ボイラーの鋳鉄も、丸ボイラーや水管ボイラーの鋼も、鉄と炭素の合金だ。炭素の含有率が2%を超えるものが鋳鉄、2%以下のものが鋼と呼ばれている。鋳鉄は、鋼に比べて、腐食しにくいが、硬くてもろい。また、急激な熱変化による膨張収縮により、割れを生じやすい。したがって、鋳鉄製ボイラーは、丸ボイラー、水管ボイラーなどの鋼製ボイラーに比べ、強度が弱く、高圧大容量には適さない。具体的には蒸気ボイラーの場合、その使用圧力は1MPa以下に限られる。

鋳鉄とは、いわゆる鋳物のことね。岩手県名物「南部鉄瓶」も鋳鉄製よ。

鋳鉄製ボイラーの構造

鋳鉄製ボイラーは、セクションと呼ばれる水の入る容器を、ニップルと呼ばれる水の通る短いパイプで連結した構造になっている。各セクションは、蒸気部連絡口及び水部連絡口の部分でニップルにより結合されている。

セクションには、ウエットボトム形とドライボトム形とがある。ウエットボトム形は、伝熱面積を増加させるため、セクション底部にも水を通す構造となっている。ドライボトム形は、セクション底部には水を通さない構造となっている。一般に、ウエットボトム形が用いられている。

また、セクションの増減によって能力の大小をコントロール可能である。ボイラー効率を上げるために、鋼製ボイラー同様に加圧燃焼方式を採用するものがある。

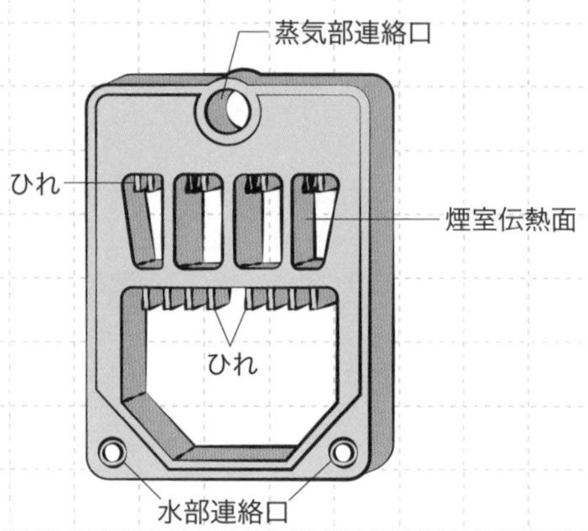

図7-1：ウエットボトム形セクション

鋳鉄製ボイラーはセクションで構成されるので、鋳鉄製セクショナルボイラーともいう。ボイラーの容量により、セクションの連結個数を増減して製作される。

ニップルとは短管と訳されているが、英語の原語は「乳首」だな。

ハートフォード式連結法

暖房に用いる蒸気ボイラーは、原則として蒸気から水に戻った復水を循環して使用するため、復水をボイラーに返す**返り管**を備えている。**ハートフォード式連結法**とは、暖房用蒸気ボイラーの返り管のボイラー本体への連結法である。

ハートフォード式連結法とは、返り管からボイラー内の水が排水されて低水位にならないよう、**返り管をいったん立ち上げてから**、ボイラーに接続する連結法である。

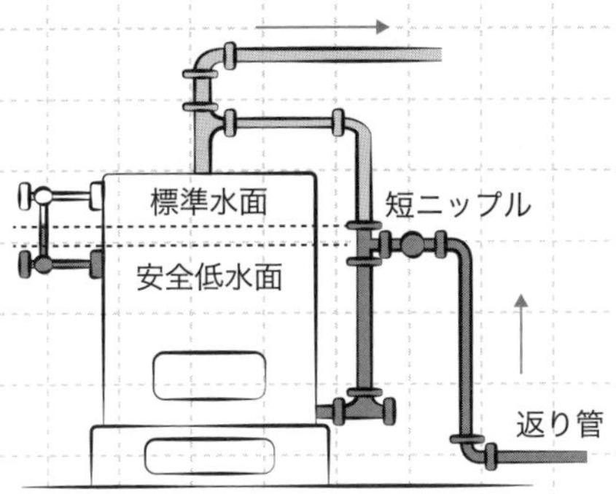

図7-2：ハートフォード式連結法

また、給水管をボイラーに直接取り付けると、高温のボイラーに低温の給水が直接供給され、鋳鉄製セクションが急冷されて割れる恐れがある。したがって、給水管はボイラーに直接接続せず、**返り管に接続**して、温度の高い還水（戻り水）と混合してから鋳鉄製セクションに給水する。

ボイラーの水位が低い状態で燃焼させると、過熱し危険だ。絶対に避けなければならない。**低水位事故**を防止する目的で用いられているのが、ハートフォード式連結法だ。

逃がし弁と逃がし管

鋳鉄製ボイラーは、高温高圧の用途に適さないので、温水ボイラーとして多用されている。温水ボイラーの安全装置に**逃がし弁**と**逃がし管**がある。逃がし弁、逃がし管とは、ボイラー内の水が過度な膨張によって非常に高圧となった際に、**水の膨張分を逃がす安全装置**である。

逃がし弁とは、設定した圧力を超えると**水の膨張**によって**弁体**を押し上げ、**水を逃がす**ものである。逃がし弁は、逃がし管を設けない場合または密閉型膨張タンクの場合に用いられる。膨張タンクとは水の膨張分を吸収するタンクをいう。

逃がし管とは、ボイラーの水部に直接取り付けて、高所に設けた**開放型膨張タンクに連絡**させる管である。逃がし管は、内部の水が凍結しないように保温その他の措置を講じる必要がある。また、逃がし管には、弁またはコックを取り付けてはならない。

開放型膨張タンクとは**大気に開放**されている膨張タンク、密閉型膨張タンクとは**密閉**されている膨張タンクをいう。

逃がし管に弁、コックがあると、誤って弁、コックを閉めた状態でボイラーを運転すると、安全装置が働かないので危険だ。だ・か・ら、逃がし管には、弁またはコックを取り付けてはならない。

Step3 暗記 何度も読み返せ！

鋳鉄製ボイラーとは、

- □ 暖房用・給湯用として温水や低圧の蒸気を発生するボイラーとして使用。
- □ セクションの増減によって能力の大小をコントロール可能。
- □ 強度が弱く、高圧大容量に適さない。
- □ 加圧燃焼方式を採用するものがある。
- □ 鋼製ボイラーに比べ、腐食に強い。
- □ 伝熱面積を増加させるために、ボイラー底部にも水を循環させるウエットボトム形のものがある。
- □ 暖房用ボイラーの返り管のボイラー本体への連結には、低水位事故を防止するため、ハートフォード式連結法が用いられる。
- □ ボイラー水の膨張により高圧となるので、水の膨張分を逃がす安全装置である逃がし管と逃がし弁を備える。
- □ 逃がし管は、ボイラーの水部に直接取り付けて、高所に設けた開放型膨張タンクに連絡させる。
- □ 逃がし管の内部の水が凍結しないように保温その他の措置を講じる。
- □ 逃がし管には、弁またはコックを取り付けてはならない。
- □ 逃がし弁は、設定した圧力を超えると水の膨張によって弁体を押し上げ、水を逃がす。
- □ 逃がし弁は、逃がし管を設けない場合または密閉型膨張タンクの場合に用いられる。

重要度：

No. 07 /33

鏡板

鏡板とは、「かがみいた」と読み、円筒形のボイラーの胴の両端をふさぐ板状の部材をいう。鏡板は、形状から4つに分類される。4つ鏡板の形状、名称、強度の大小関係をおさえておこう。

Step1 図解 目に焼き付けろ!

平鏡板

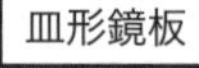

半だ円体形鏡板

全半球形鏡板

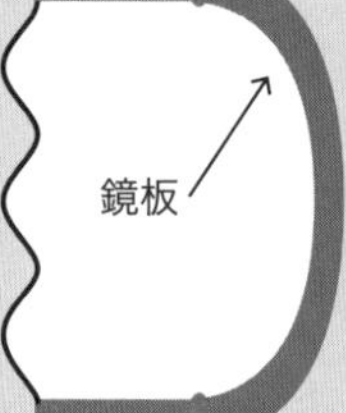

弱　強度　強

鏡板は、平面から球面に近づくに従い、強度が大きくなる。鏡板は、強度の強い順に、全半球形、半だ円体形、皿形、平だ。「前半のサラリーマンは平社員」と覚えよう。

Step2 解説 爆裂に読み込め！

鏡板はステーが必要だが、ブリージングスペースには設けないんだな！

鏡板の強度

鏡板とは、円筒形のボイラーの胴の両端をふさぐ板状の部材をいう。ボイラーの鏡板には、平鏡板、皿形鏡板、半だ円体形鏡板、全半球形鏡板がある。鏡板の強度は、平鏡板＜皿形鏡板＜半だ円体形鏡板＜全半球形鏡板となり、球に近い形状ほど大きくなる。

皿形鏡板の部分

皿形鏡板は、円筒殻部、環状殻部、球面殻部の3つの曲線から構成されている。図のように、円筒状の部分を円筒殻部、すみの丸みをなす部分を環状殻部、頂部の球面をなす部分を球面殻部という。

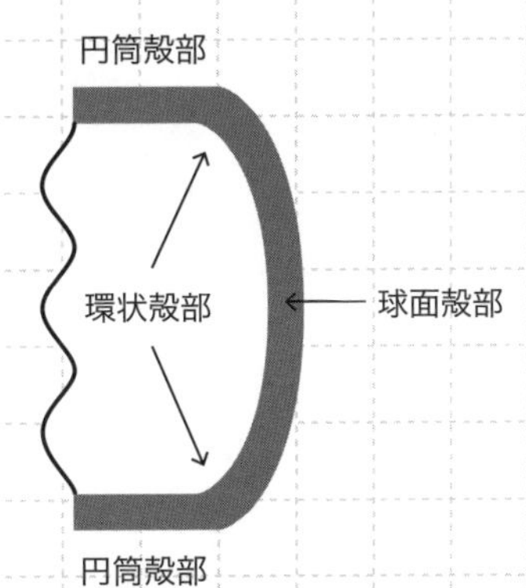

図7-1：皿形鏡板

皿形鏡板の、すみの丸みをなす部分を環状殻部、頂部の球面をなす部分を球面殻部だ。間違えないように覚えよう。

鏡板の補強

平鏡板には、内部の圧力によって**曲げ応力**が生じる。曲げ応力とは、部材を曲げようとする力だ。

この応力に対する補強として**ガセットステー**が用いられる。ガセットステーは、平板によって鏡板を胴で支えるもので、通常、溶接によって取り付ける。前述したように、波形炉筒の伸縮を阻害しないよう、鏡板には**ブリージングスペース**を設け、この部分にガセットステーなどの**補強材を取り付けない**ようにする。

Step3 暗記

何度も読み返せ！

- □ 鏡板の強度は、**平鏡板＜皿形鏡板＜半だ円体形鏡板＜全半球形鏡板**。
- □ 鏡板の強度は、**球に近い形状ほど大きく**なる。
- □ 皿形鏡板は、**円筒殻部**、**環状殻部**、**球面殻部**の3つの曲線から構成される。
- □ 円筒状の部分を**円筒殻部**、すみの丸みをなす部分を**環状殻部**、頂部の球面をなす部分を**球面殻部**という。
- □ 平鏡板には、内部の圧力によって**曲げ応力**が生じる。
- □ **ブリージングスペース**にはガセットステーなどの補強材を**取り付けない**。

燃えろ！演習問題

本章で学んだことを復習だ！　分からない問題は、テキストに戻って確認するんだ！　分からないままで終わらせるなよ！！

01 蒸気の発生に要する熱量は、蒸気圧力、蒸気温度及び給水温度によって異なる。

02 標準大気圧の下で、質量1kgの水の温度を1K（1℃）だけ高めるために必要な熱量は約 4.2 kJであるから、水の 比熱 は約 4.2 kJ/（kg・K）である。

03 換算蒸発量は、実際に給水から所要蒸気を発生させるために要した熱量を、0℃の水を蒸発させて、100℃の飽和蒸気とする場合の熱量で除したものである。

04 蒸気ボイラーの容量（能力）は、最大連続負荷の状態で、1時間に消費する燃料量で示される。

05 燃焼の三要素は、燃料、酸素、熱である。三要素のうち一つでも失われると、燃焼は継続できない。

06 ボイラー効率とは、全供給熱量に対する発生蒸気の吸収熱量の割合をいう。

07 セルシウス（摂氏）温度は、標準大気圧の下で、水の氷点を0℃、沸点を100℃と定め、この間を100等分したものを1℃としたものである。

08 セルシウス（摂氏）温度t［℃］と絶対温度T［K］との間には$t=T+273.15$の関係がある。

09 圧力計に表れる圧力をゲージ圧力といい、その値に大気圧を加えたものを絶対圧力という。

10 比エンタルピとは、1kgの物体が保有している熱量で、単位は［kJ/（kg・K)］が使われる。

11 水の温度は、沸騰を開始してから全部の水が蒸気になるまで一定である。

12 乾き飽和蒸気は、乾き度が1の飽和蒸気である。

13 物質の三要素は、固体、液体、気体である。

14 飽和蒸気の比体積は、圧力が高くなるほど大きくなる。

15 過熱蒸気の温度と、同じ圧力の飽和蒸気の温度との比を過熱度という。

16 伝熱の三要素は、伝導、対流、放射である。

17 液体または気体が固体壁に接触して、固体壁との間で熱が移動する現象を熱伝達という。

18 ボイラーでの高温の炎から低温の水への熱の流れは、熱伝導と熱伝達による熱貫流によるものである。

19 顕熱とは、状態変化に費やされる熱である。

20 潜熱とは、温度変化に費やされる熱である。

21 煙管は伝熱管である。

22 水管は伝熱管ではない。

23 主蒸気管は伝熱管である。

24 エコノマイザ管は伝熱管である。

25 過熱管は伝熱管ではない。

26 放射伝熱面とは、火炎の放射熱によって熱を伝える面である。

27 接触伝熱面とは、高温ガスの伝導による接触によって熱を伝える面で、伝導伝熱面ともいう。

28 炉筒煙管ボイラーの炉は炎の放射熱で加熱される放射伝熱面、煙管は煙が接触することで加熱される接触伝熱面である。

29 水管ボイラーは、水循環を良くするため、水と気泡の混合体が上昇する管と、水が下降する管を区別して設けているものが多い。

30 自然循環式水管ボイラーは、高圧になるほど蒸気と水との密度差が大きくなり、循環力が強くなる。

31 貫流ボイラーは、保有水量が少なく細い水管内で蒸発するので、十分な水の処理を行い、不純物を除去した水を使用する必要がある。

32 貫流ボイラーは超臨界圧力ボイラーに採用されることはない。

33 炉筒煙管ボイラーは、水管ボイラーに比べ、蒸気使用量の変動による圧力変動が小さい。

34 炉筒煙管ボイラーは、水管ボイラーに比べ、一般に製作及び取扱いが容易である。

35 炉筒煙管ボイラーは、水管ボイラーに比べ、蒸気使用量の変動による圧力変動が小さいが、水位変動は大きい。

36 炉筒煙管ボイラーの煙管には、伝熱効果の高いスパイラル管を使用しているものが多い。

37 炉筒煙管ボイラーは、炎をバーナーの反対側で反転させて燃焼させる戻り燃焼方式と、押し込み送風機により炉内を加圧して燃焼させる加圧燃焼方式を採用し、燃焼効率を高めているものもある。

38 炉筒は、熱収縮の吸収と伝熱面積を縮小するために波形炉筒になっている。

39 鋳鉄製ボイラーは、鋼製ボイラーに比べ、強度が強く、腐食にも強い。

40 鋳鉄製ボイラーは、蒸気ボイラーの場合、その使用圧力は1MPa以下に限られる。

41 鋳鉄製ボイラーの暖房用蒸気ボイラーでは、原則として復水を循環使用する。

42 鋳鉄製ボイラーの暖房用蒸気ボイラーの返り管の取付けには、フィードフォワード式連結法が用いられる。

43 鋳鉄製ボイラーのドライボトム式は、ボイラー底部にも水を循環させる構造となっている。

44 鋳鉄製ボイラーは、セクションによって、伝熱面積を増加させることができる。

45 鋳鉄は、急激な熱変化による膨張収縮により、割れを生じやすい。

46 鏡板は、その形状によって、平鏡板、皿形鏡板、半だ円体形鏡板及び全半球形鏡板に分けられる。

47 皿形鏡板は、球面殻、環状殻及び円筒殻から成っている。

48 皿形鏡板は、同材質、同径及び同厚の場合、半だ円体形鏡板に比べて強度が強い。

49 平鏡板は、大径のものや圧力の高いものの場合には、内部の圧力によって生じる曲げ応力に対し、ステーによって補強することが必要となる。

50 管ステーは、煙管が接続される板、管板を補強するために管板の穴に差し込み、ころ広げ（拡管）して管板に溶接される。また、管ステーの火炎に触れる部分には、焼損を防ぐために縁曲げをする。

解答・解説

01 ○ →テーマ03

02 ○ →テーマ02

03 × →テーマ03

換算蒸発量は、実際に給水から所要蒸気を発生させるために要した熱量を、

100℃の水を蒸発させて、100℃の飽和蒸気とする場合の熱量で除したものである。

04 ✕ →テーマ03

蒸気ボイラーの容量（能力）は、最大連続負荷の状態で、1時間に消費する蒸発量で示される。

05 ○ →テーマ 02

06 ○ →テーマ03

07 ○ →テーマ02

08 ✕ →テーマ02

セルシウス（摂氏）温度t［℃］と絶対温度T［K］との間には$T=t+273.15$の関係がある。

09 ○ →テーマ02

10 ✕ →テーマ02

比エンタルピとは、1kgの物体が保有している熱量で、単位は［kJ/kg］が使われる。

11 ○ →テーマ02

12 ○ →テーマ02

13 ○ →テーマ02

14 ✕ →テーマ02

飽和蒸気の比体積は、圧力が高くなるほど小さくなる。

15 ✕ →テーマ02

過熱蒸気の温度と、同じ圧力の飽和蒸気の温度との差を過熱度という。

16 ○ →テーマ02

17 ○ →テーマ02

18 ○ →テーマ02

19 ✕ →テーマ02

顕熱とは、温度変化に費やされる熱である。

20 ✕ →テーマ02

潜熱とは、状態変化に費やされる熱である。

21 ○ →テーマ03

22 ✕ →テーマ03

水管は伝熱管である。

23 × →テーマ03
主蒸気管は伝熱管ではない。

24 ○ →テーマ03

25 × →テーマ03
過熱管は伝熱管である。

26 ○ →テーマ03

27 × →テーマ03
接触伝熱面とは、高温ガスの対流による接触によって熱を伝える面で、対流伝熱面ともいう。

28 ○ →テーマ04

29 ○ →テーマ05

30 × →テーマ05
自然循環式水管ボイラーは、高圧になるほど蒸気と水との密度差が小さくなり、循環力が弱くなる。

31 ○ →テーマ05

32 × →テーマ05
貫流ボイラーは超臨界圧力ボイラーに採用される。

33 ○ →テーマ04

34 ○ →テーマ04

35 × →テーマ05
炉筒煙管ボイラーは、水管ボイラーに比べ、蒸気使用量の変動による圧力変動が小さく、水位変動も小さい。

36 ○ →テーマ04

37 ○ →テーマ04

38 ○ →テーマ04
炉筒は、熱収縮の吸収と伝熱面積を拡大するために波形炉筒になっている。

39 × →テーマ06
鋳鉄製ボイラーは、鋼製ボイラーに比べ、強度は弱いが、腐食には強い。

40 × →テーマ06
鋳鉄製ボイラーは、蒸気ボイラーの場合、その使用圧力は0.1MPa以下に限られる。

41 ○ →テーマ06

42 × →テーマ06

鋳鉄製ボイラーの暖房用蒸気ボイラーの返り管の取付けには、ハートフォード式連結法が用いられる。

43 × →テーマ06

鋳鉄製ボイラーのウェットボトム式は、ボイラー底部にも水を循環させる構造となっている。

44 ○ →テーマ06

45 ○ →テーマ06

46 ○ →テーマ07

47 ○ →テーマ07

48 × →テーマ07

皿形鏡板は、同材質、同径及び同厚の場合、半だ円体形鏡板に比べて強度が弱い。

49 ○ →テーマ07

50 ○ →テーマ04

第2章

補機・附属品

アクセスキー **o**
（小文字のオー）

重要度：🔥🔥🔥

No. 08 /33 安全弁

安全弁とは、ボイラーの胴、ドラムなど蒸気が入る部分の圧力が異常に上昇したときに、弁を開けて内部の圧力を外部に逃がす弁をいう。前述した逃がし弁が温水ボイラーに用いられるのに対し、安全弁は蒸気ボイラーに用いられる。

Step1 図解

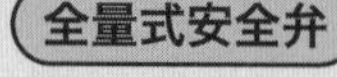

揚程式安全弁

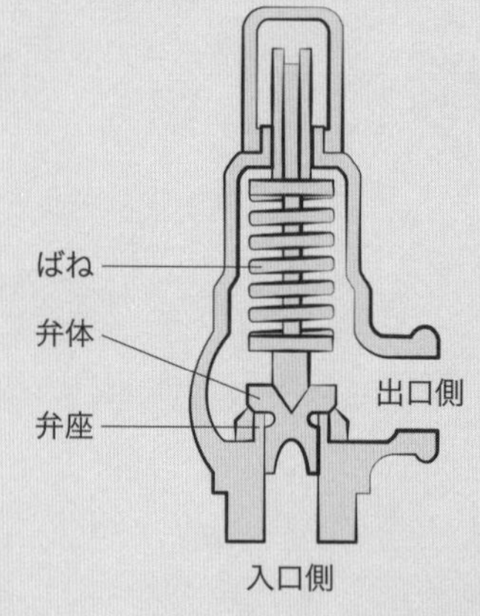

全量式安全弁

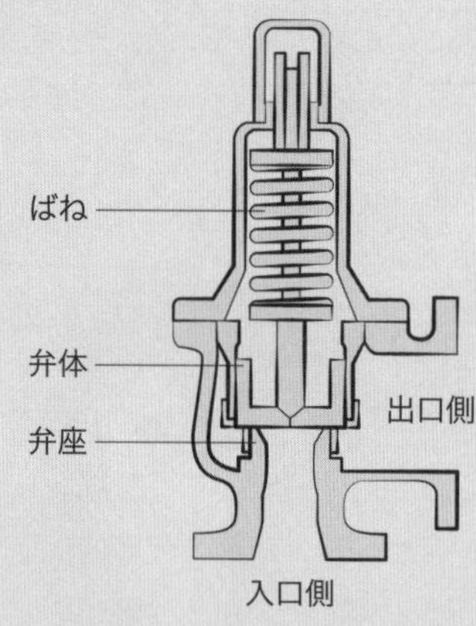

揚程式は、吹き出し時の弁座の揚程が小さく、ちょっとずつ吹き出す。全量式は、吹き出し時に弁座の揚程が大きく、一気に吹き出すぞ！

Step2 解説 爆裂に読み込め！

ばね安全弁には、揚程式と全量式がある！

ばね安全弁

ばね安全弁は、弁体が受ける蒸気圧力が設定圧力に達すると自動的に弁が開いて蒸気を吹き出し、蒸気圧力が下がると弁が閉じる安全装置だ。ばね安全弁の構造は、**弁座部**と弁座の下の**のど部**に分けられる。のど部と呼ぶのは、安全弁を人間の頭から首に見立てると、のどの部分に相当するからだ。

ばね安全弁には、蒸気流路を制限する構造によって、**揚程式**と**全量式**がある。吹き出し時に**弁座経路面積**（弁座が上がってできたすき間の面積）が最小になるのが揚程式、のど部の面積よりも弁座流路面積が十分大きくなるような**リフト**を得られるものが全量式だ。なお、リフトとは弁体が持ち上がる高さ、流路とは蒸気が流れる経路をいうぞ。

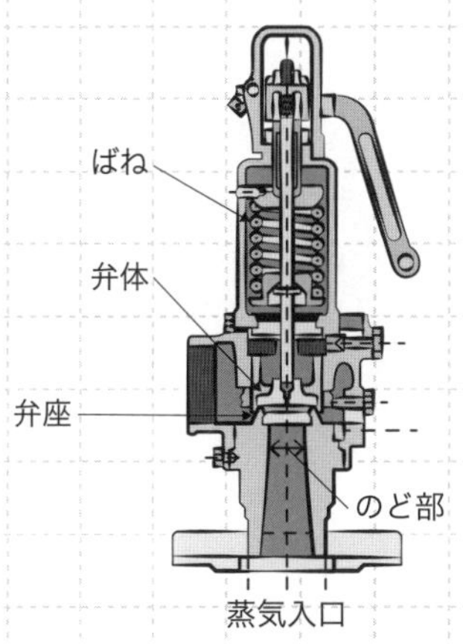

図8-1：ばね安全弁

◆流路面積の比較

揚程式は、吹き出し時のリフトが小さく、のど部よりも弁座部の面積のほうが小さく、最小となる流路の面積は弁座部となる。一方、全量式は、吹き出し時のリフトが大きく、弁座部よりものど部の方が小さく、最小となる流路の面積はのど部になる。

揚程式　のど部>弁座部

全量式　のど部<弁座部

安全弁の吹き出し面積は、流路の最小面積で決められるので、揚程式の吹き出し面積は弁座流路面積、全量式の吹き出し面積はのど部流路面積になる。

要するに、揚程式は弁座部で制限されるが、全量式は弁座部で制限されず、のどいっぱい吹き出すことができるぞ！

したがって、全量式の方が揚程式より吹出し容量を大きくすることができる。大容量の吹出し容量が必要なボイラーや圧力容器の安全弁には全量式が選択されることが多い。

安全弁の圧力

安全弁が作動する吹出し圧力は、ばねの調整ボルトにより、ばねが弁体を弁座に押し付ける力を変えることによって調整できる。安全弁の圧力は、日本産業規格（JIS）に次のように定義されている。

●設定圧力

動作条件下にある安全弁が開き始める圧力として、あらかじめ設定されている圧力。

●吹止り圧力

弁体が弁座と再接触するか、またはリフトがゼロとなるときの入口側の静的圧力。再着座圧力ともいう。

●吹出し圧力

安全弁が急速開作動（ポッピング）するときの入口側の圧力。ポッピング圧力ともいう。ポッピングとは、安全弁のリフトが瞬間的に増大し、内部の流体を吹き出す動作のこと。

●吹始め圧力

入口側の圧力が増加して、出口側で流体の微量な流出が検知されるときの入口側の圧力。

●吹下り

設定圧力と吹止り圧力との差。ただし、製品検査において実測した吹出し圧力または吹始め圧力と吹止り圧力とに基づく場合は、吹出し圧力と吹止り圧力との差または吹始め圧力と吹止り圧力との差とすることができる。

JISの定義は、そのまま暗記しよう。鍋にはあん肝、試験には暗記も必要だ。

➔ 安全弁の排気管

安全弁から吹き出した蒸気を安全な場所に排気するために、一般に、安全弁には排気管が設けられる。安全弁の排気管は、安全弁の機能を阻害しないよう、次のように取り付ける必要がある。

- 吹出し蒸気による危険防止のため、排気管の放出端は床上2m以上とする。
- 排気管端は、吹出しがあった場合、ボイラー前で見える位置にする。排気管端をボイラー室外にする場合は、ボイラー室内に漏れ知らせ穴を設けるか、分岐管を設ける。
- 排気管は安全弁に無理な力がかからないような構造でなければならない。
- 排気管の底部には弁のないドレン抜きを設ける。
- 排気管中心と安全弁軸心との距離は、なるべく短くする。

漏れ知らせ穴とは、安全弁の排気管に設けられた小穴のこと。安全弁が作動したとき、この小穴から蒸気が吹き出し、蒸気を見た人が、安全弁が作動したことを知ることができるものだ。

Step3 暗記 何度も読み返せ！

- □ 蒸気圧力が設定圧力に達すると自動的に弁が開いて蒸気を吹き出し、蒸気圧力が下がると弁が閉じる。
- □ 構造としては、弁座部と弁座の下ののど部に分けられる。
- □ 安全弁の排気管中心と安全弁軸心との距離は、なるべく短くする。
- □ リフトの形式によって、揚程式と全量式がある。
- □ 揚程式：吹き出し時に弁座流路面積が最小となるもの。
- □ 全量式：のど部の面積よりも弁座流路面積が十分大きくなるようなリフトを得られるもの。

重要度：🔥🔥

No.
09
/33

計測器

ボイラーに使用される計測器には、ボイラー内部の水の水位を測る水面計、蒸気の圧力を測る圧力計、給水の水量を測る流量計、燃焼用の空気や排ガスの通風状態を測る通風計などがある。

Step1 図解 目に焼き付けろ！

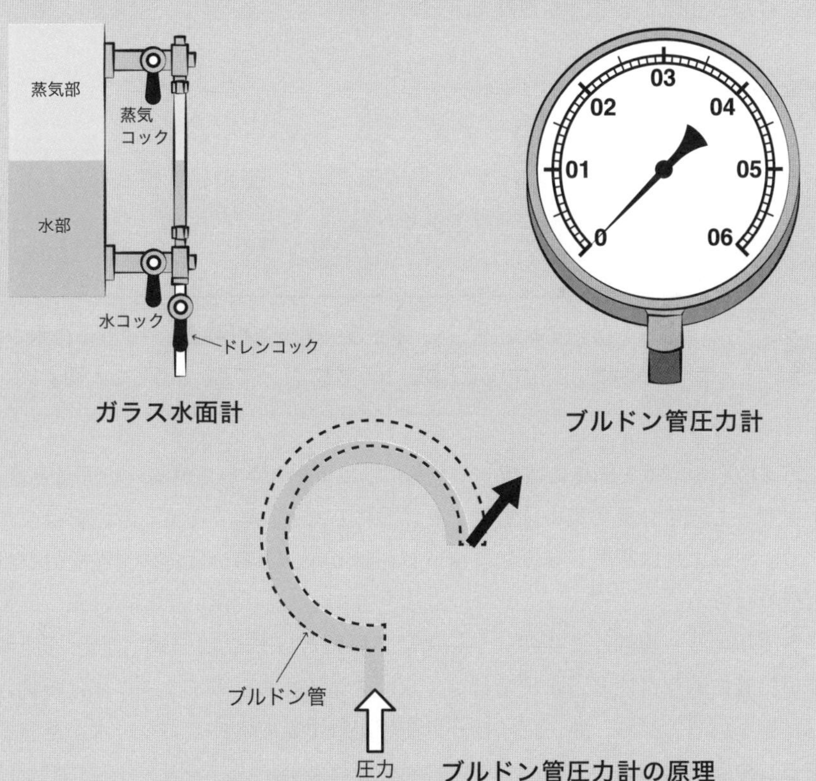

ガラス水面計

ブルドン管圧力計

ブルドン管圧力計の原理

Step2 解説 爆裂に読み込め！

ボイラーの計測器は、水面計、圧力計、流量計、通風計をおさえろ！

ボイラーの運転で大事なことは、ボイラー内部の水位を確保することと、ボイラー内部の圧力を異常に上昇させないことだ。ボイラー内部の水位が低い状態でボイラーを燃焼させると、ボイラー本体が過熱され危険だ。いわゆる空焚きといわれる低位水事故が発生する。また、ボイラー内部の蒸気の圧力が異常に上昇するとボイラーが爆発する。そのためには圧力計でボイラーの圧力を監視しながら運転することが重要だ！

水面計

ボイラーを水位の低いまま燃焼して運転すると、空焚き状態となり、ボイラー本体が過熱されて非常に危険である。

これを防止するためには、ボイラー燃焼運転中は、ボイラーの水位を的確に監視することが、とっても、とっても、とっても大切よ！

ボイラーの水位を的確に監視するために、水面計が用いられる。水面計とは、ボイラーの水位を目で見て確認できるようにした計測器である。水面計は、ボイラー本体または蒸気ドラムに直接取り付けるか、あるいは水柱管を設けこれに取り付ける。

貫流ボイラーを除く蒸気ボイラーには、原則として2個以上の水面計を見やすい位置に取り付ける。水柱管とは、水位を見るためにボイラー本体に接続された管をいう。なお、貫流ボイラーは配管だけで構成されており、水がたまるドラムや胴がないので、水面計を設ける必要はない。

水柱管を2個以上つけるのは、1個故障してもいいようにだ。肺、じん臓、睾丸、大事なものは2つあるものだ！

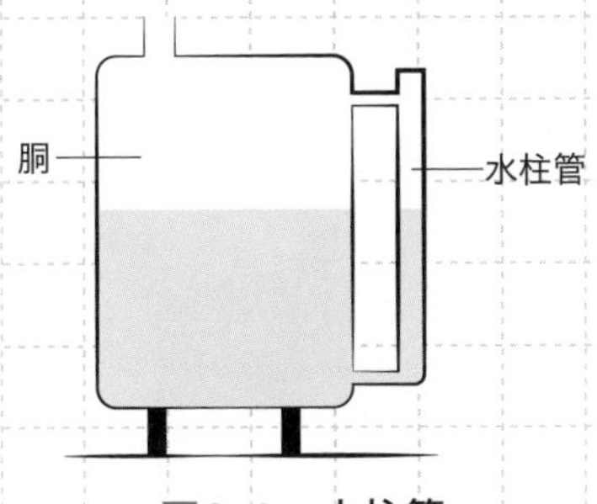

図9-1：水柱管

ボイラーの水面計には、ガラス水面計、二色式水面計、平形反射式水面計が用いられる。各水面計の概要は次のとおりである。

◆ガラス水面計

ガラス水面計は、透明なガラス管内に水面が表れることで、水位を指示する計測器である。丸形ガラス水面計は、断面が円形のガラスの管を使用した水面計で、構造上、高い圧力に耐えられないので、最高使用圧力1MPa以下のボイラーに用いられる。

ガラス水面計の取り付け位置は、ボイラーの水位を的確に監視するために、ガラス水面計の最下部とボイラー安全低水位面を同じ高さにする必要がある。

ボイラー安全低水位とは、ボイラーが安全に燃焼運転をすることができる最低限の水位をいう。ガラス水面計の最下部とボイラー安全低水位は同じ高さに合わせておく必要がある。合ってないと紛らわしい。特に、ガラス水面計の最下部がボイラー安全低水位面より下にあると、ガラス管内に水面があってもボイラーの安全低水位面を下回っている場合があり、異常な低水位に気づかず非常に危険だ。

◆二色式水面計

二色式水面計は、光の屈折率の相違を利用したもので、蒸気部は赤に、水部は緑に見えるようにした水面計だ。

◆平形反射式水面計

平形反射式水面計とは、光の反射・透過によって、蒸気部は白、水部は黒に表示される水面計である。

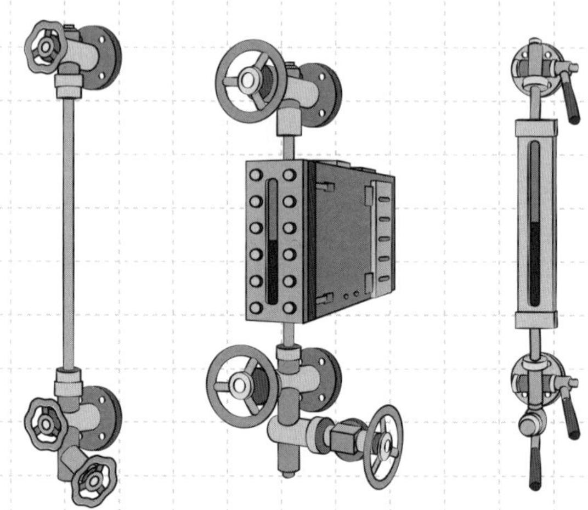

図9-2：ガラス水面計(左)、二色式水面計(中央)、平形反射式水面計(右)

お経のように語感で覚えてしまうのも手だな！

- 二色屈折赤緑（にしょくくっせつあかみどり）
- 平形反射白黒（ひらかたはんしゃしろくろ）

➲ 圧力計

圧力計は、ボイラー内部の蒸気の圧力を測る計測器で、ブルドン管圧力計が用いられている。ブルドン管圧力計は、断面がへん平な管を円弧状に曲げたブルドン管に圧力が作用すると、その圧力に応じて円弧が広がることを利用している。圧力が加わると円弧が広がり、管の先に取り付けた扇形歯車によって圧力計の針が動く仕組みだ。

圧力計は、原則として、胴または蒸気ドラムの一番高い位置に取り付ける。圧力計は、水を入れたサイホン管などを用いて胴または蒸気ドラムに取り付ける。サイホン管とは、ブルドン管に直接蒸気が入らないように、水がたまるように曲げた管のことだ。圧力計のコックは、ハンドルが圧力計に接続される配管の軸方向と同一方向になった場合に開くようにする。

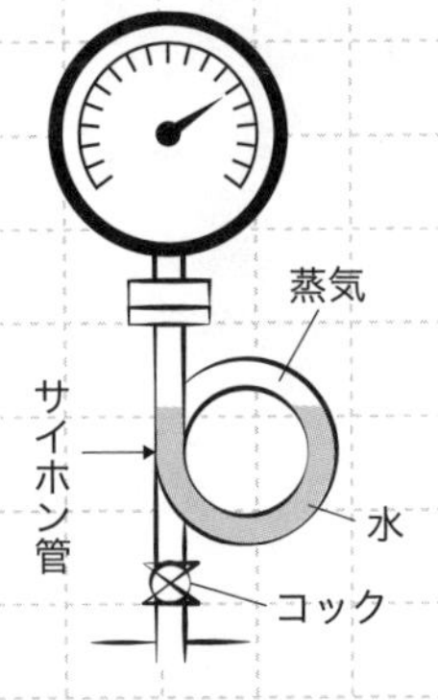

図9-3：サイホン管

圧力計に表れる圧力はゲージ圧力だ。ゲージ圧力とは大気圧を基準にした圧力である。一方、絶対圧力とは完全真空を基準にした圧力である。したがって、ゲージ圧力は、絶対圧力から大気圧を引いたものになる。

ブルドン管の断面は、まん丸ではなく、つぶれたような形をしている。コックとは、流路を開閉することにより、流体を流したり、止めたりするものだ。流路の開閉と制御をするものをバルブというのに対し、流路の開閉のみをするものをコックという。コックはハンドルをひねることにより流路を開閉するんだ。

流量計

流量計とは、ボイラーの給水量を測る計測器で、容積式と差圧式がある。

容積式は、だ円の形をした歯車を2つ組み合わせたものを水の流れで回転させて、水の流れる量が歯車の回転する回数に比例することを利用して、水の流れる量を測っている。

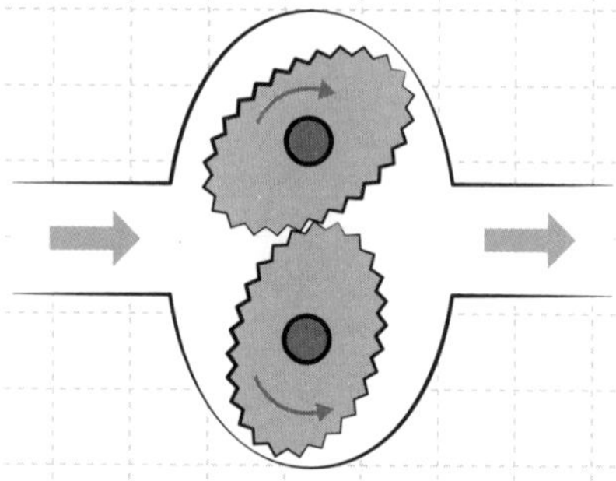

図9-4：容積式流量計

差圧式は、水の流れる経路にオリフィスやベンチュリー管などの細くなっている部分を挿入すると、入口と出口との間に水の流れる量の2乗に比例する圧力の差が生じることを利用して、水の流れる量を測っている。

オリフィスとは、水の流れる経路を細くするために設けられる板、ベンチュリー管とは、水の流れる経路を細くするために設けられるラッパ状の管のことだ。

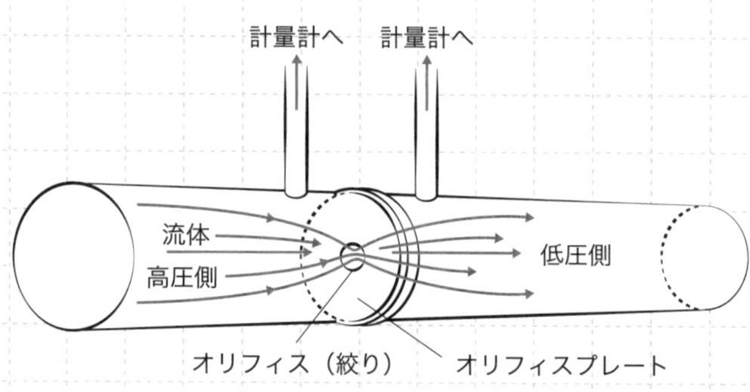

図9-5：オリフィス

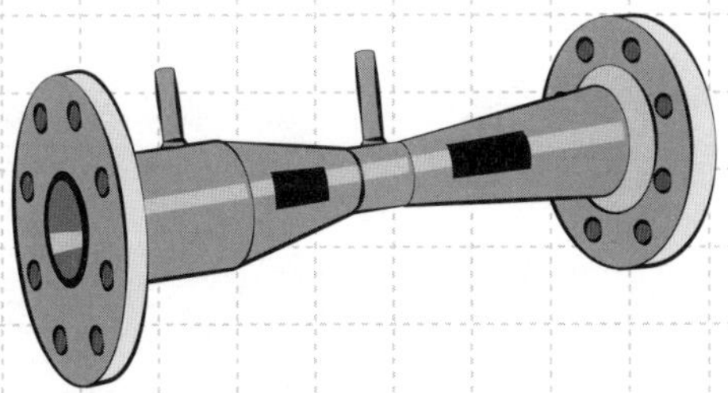

図9-6：ベンチュリー管

容積式は、流量が回転数に比例する。差圧式は、流量が圧力差の2乗に比例する。2乗とは2回乗算、つまり2回掛け算することをいう。

通風計

通風計とは、燃焼用の空気や排ガスの通風状態を測る計測器だ。ボイラーの通風計には、U字管式通風計が用いられる。

U字管式通風計は、Uの字に曲げた管の中に水を入れ、風道内の空気や排ガスと大気との圧力の差で生じる、U字管内の水面の高低差を読むことで通風状態を測っている。

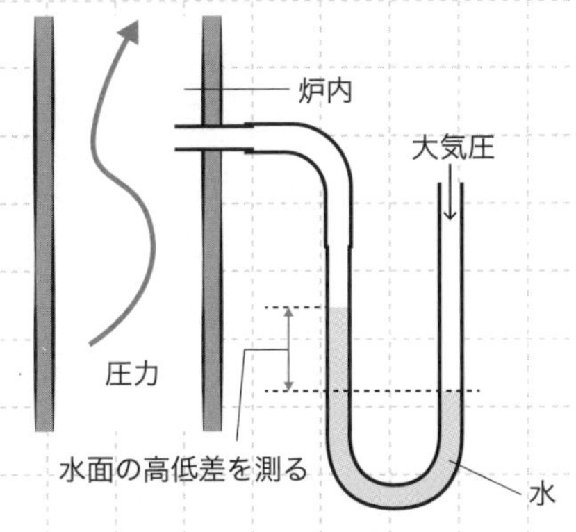

図9-7：U字管式通風計

U字管式通風計は、U字管式マノメータともいう。また、U字管内の水は、水の柱と書いて水柱と表現される。

Step3 暗記 何度も読み返せ！

水面計

- □ 水面計は、ボイラー本体または蒸気ドラムに直接取り付けるか、あるいは水柱管を設けこれに取り付ける。
- □ 貫流ボイラーを除く蒸気ボイラーには、原則として2個以上の水面計を見やすい位置に取り付ける。
- □ 丸形ガラス水面計は、最高使用圧力1MPa以下のボイラーに用いられる。
- □ ガラス水面計の最下部とボイラー安全低水面を同じ高さにする。
- □ 二色式水面計は、光の屈折率の相違を利用したもので、蒸気部は赤に、水部は緑に見える。
- □ 平形反射式水面計は、光の反射・透過によって、蒸気部は白、水部は黒に表示される。

圧力計

- □ ブルドン管圧力計は、断面がへん平な管を円弧状に曲げたブルドン管に圧力が作用すると、その圧力に応じて円弧が広がることを利用。
- □ 圧力計は、原則として、胴又は蒸気ドラムの一番高い位置に取り付ける。
- □ 圧力計は、水を入れたサイホン管などを用いて胴または蒸気ドラムに取り付ける。
- □ 圧力計のコックは、ハンドルが圧力計に接続される配管の軸方向と同一方向になった場合に開くようにする。

- □ 圧力計に表れる圧力はゲージ圧力。

流量計

- □ 容積式は、流量が歯車の回転数に比例することを利用。
- □ 差圧式は、流量の2乗に比例する圧力差が生じることを利用。

通風計

- □ U字管式通風計は、空気や排ガスと大気との圧力差で生じるU字管内の水面の高低差を読む。

重要度：🔥🔥🔥

No. 10 /33

送気装置

ボイラーの送気装置とは、ボイラーから各所に蒸気を送るための主蒸気弁、主蒸気管、ボイラーから出た蒸気の圧力を使用圧力に減圧する減圧装置、燃焼用空気を予め加熱する空気予熱器など、気体である蒸気や空気を送る装置をいう。

Step1 図解 目に焼き付けろ！

主蒸気弁

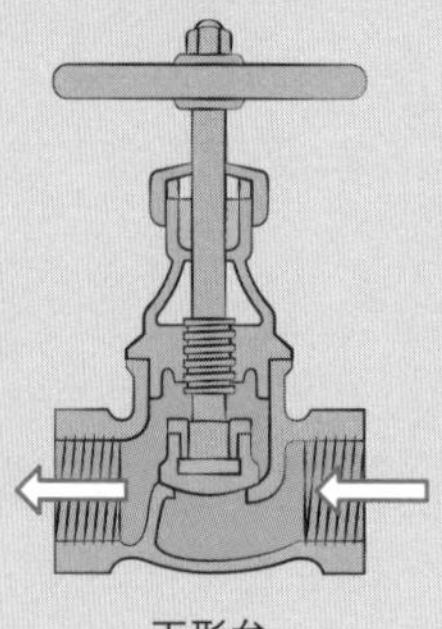

玉形弁

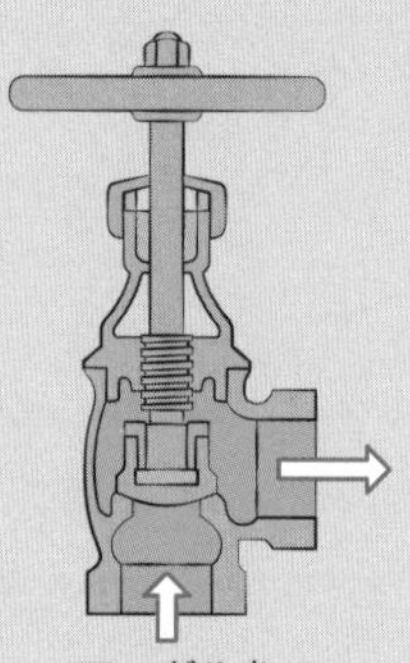

アングル弁

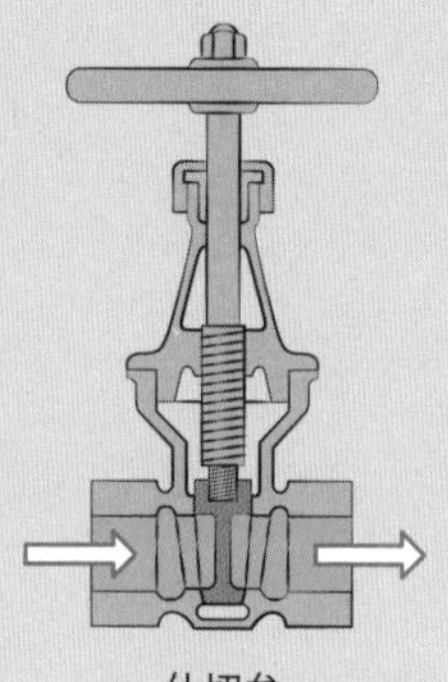

仕切弁

主蒸気弁には、玉形弁、アングル弁、仕切弁が用いられる。蒸気の流れをアルファベットの形状に例えると、玉形弁はS、アングル弁はL、仕切弁はIだ。流れが曲がっていると抵抗が大きく、流れにくいぞ！

Step2 解説 爆裂に読み込め！

ボイラーの送気装置は、弁とトラップの種類と特徴を覚えろ！

蒸気発生装置

ボイラーの蒸気発生装置には、過熱器と沸水防止管がある。過熱器とは、ボイラー本体で発生した飽和蒸気を、さらに加熱して過熱蒸気を得るためにドラムの出口側に設けられる。

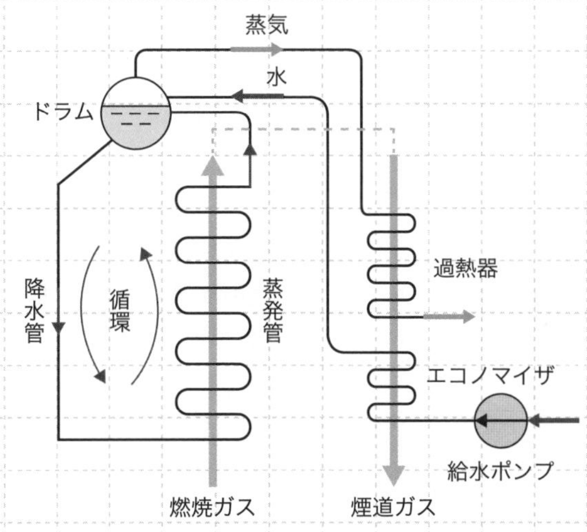

図10-1：過熱器

沸水防止管は、気水分離器の一種で、低圧ボイラーの胴またはドラム内に、蒸気と水滴を分離するために設けられる。沸水防止管は、主蒸気管に送られる蒸気から水滴を分離・除去し、乾き度の高い飽和蒸気を得るために設けられる。

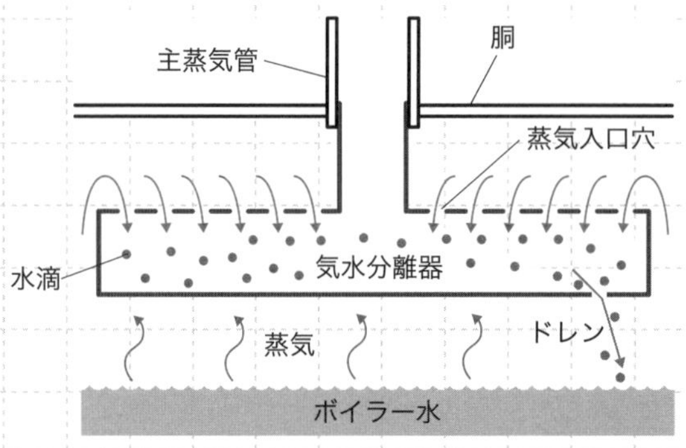

図10-2：沸水防止管

沸水防止管では、気体である蒸気だけが主蒸気管へ送られ、液体である水はボイラーに戻される。主蒸気管には蒸気だけを送り、水は送りたくないのだ。

伸縮継手（エキスパンションジョイント）

長い主蒸気管には、温度の変化による伸縮を自由にするため、**伸縮継手**を設ける。伸縮継手とは、伸縮できる配管の継手のことで、継手が伸び縮みすることで主蒸気管の伸び縮みを吸収し、主蒸気管の温度の変化による伸び縮みを自由にして、主蒸気管に力がかかって壊れるのを防いでいる。エキスパンションジョイントともいう。伸縮継手には、**湾曲形**（ベント形）、**ベローズ形**（蛇腹形）、**すべり形**（スリーブ形）などがある。

主蒸気弁

主蒸気弁は、ボイラーの蒸気取出し口または過熱器の蒸気出口に取り付けられる。主蒸気弁には、**玉形弁**、**アングル弁**、**仕切弁**などが用いられる。また、主蒸気弁の故障時や交換時のメンテナンス用のバイパス配管（迂回配管）には、玉形弁や仕切弁の**バイパス弁**が設けられる。各弁の特徴は次のとおりである。

- **玉形弁**は、入口と出口は一直線上にあるが、蒸気が弁内でS字にクランクして流れるため、全開時の抵抗が大きい。

- アングル弁は、入口と出口が直角になったもので、一般に蒸気は下から入り横から出る。
- 仕切弁は、蒸気が弁内を直線状に流れるので、全開時の抵抗が小さい。

2基以上のボイラーが蒸気出口で同一管系に連絡している場合は、運転停止中に、運転中の他のボイラーからの蒸気が逆流しないように、主蒸気弁の後に蒸気逆止め弁を設ける。下の図のように、下から上には弁が開いて蒸気は流れるが、上から下には弁が閉じて蒸気は流れないのだ。

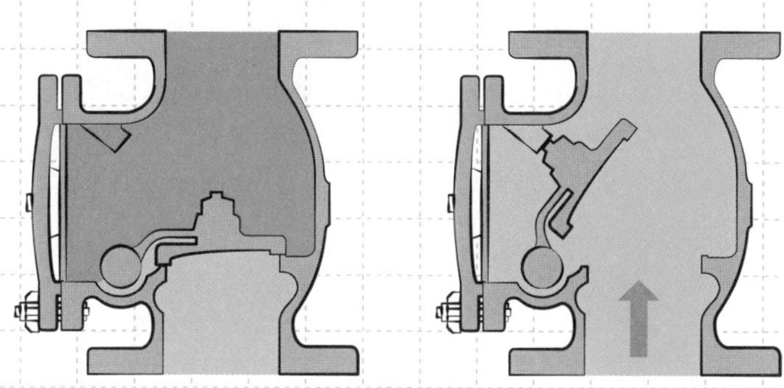

図10-3：蒸気逆止め弁

減圧装置

減圧装置は、発生蒸気の圧力と使用箇所での蒸気圧力の差が大きいときに、使用箇所での蒸気圧力を一定に保つために用いられる。減圧装置には、オリフィスだけの簡単なものもあるが、一般に減圧弁が用いられる。減圧弁は、1次側の蒸気圧力及び蒸気流量にかかわらず、2次側の蒸気圧力をほぼ一定に保つことができる。なお、減圧弁は発生蒸気の制御をするものではない。発生蒸気の制御は、減圧弁ではなく、ボイラー本体の制御器による燃焼制御で行う。

対象を起点にして、流れの上流側を1次側、流れの下流側を2次側というぞ！

蒸気トラップ

蒸気トラップとは、蒸気使用設備内にたまったドレン（還水）を自動的に排出する装置で、次の特徴のものが用いられる。

- バケット式は、蒸気とドレンの密度差を利用したメカニカル式で、ドレンが直接トラップを駆動させるので、応答が速い。
- バイメタル式は、蒸気とドレンの温度差を利用したサーモスタチック式で、温度を媒介してトラップを駆動させるので、応答が遅い。バイメタルとは、温度による膨張率が違う2種類の金属を張り合わせたもので、温度が上昇すると変形する。
- ディスク式は、蒸気とドレンの熱力学的性質の差を利用したサーモダイナミック式で、圧力の影響を受けやすいが、小型軽量でウォータハンマに強い。ウォータハンマとは、水撃作用ともいい、配管内の水の流れを急に止めたときに発生する衝撃のことだ。

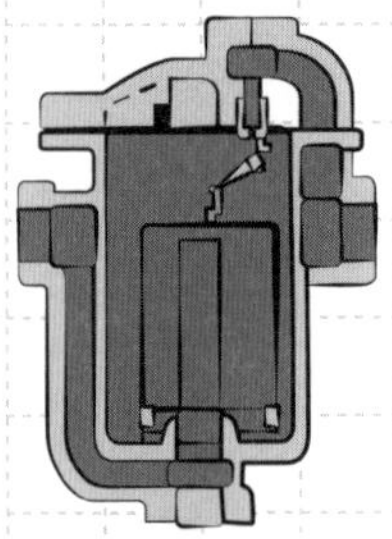
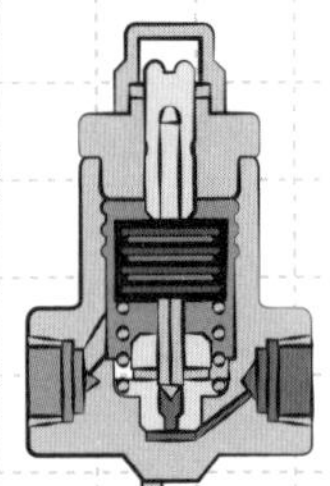
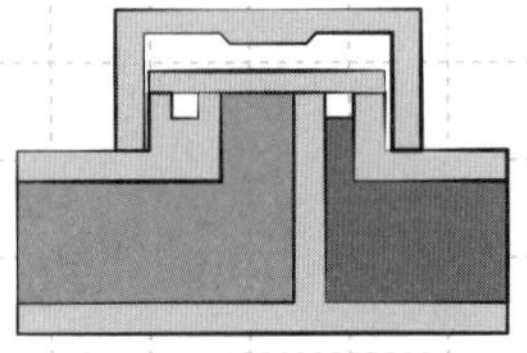

図10-4：蒸気トラップ(左：バケット式、中央：バイメタル式、右：ディスク式)

空気予熱器

空気予熱器は、ボイラーから排気される燃焼ガスの排熱を利用して、ボイラーに入る燃焼用空気をあらかじめ加熱するものだ。空気予熱器により、ボイラーの効率を改善することができる。その他、空気予熱器の利点は次のとおり。

- ボイラーの効率が向上する。

- 燃焼状態が良好になる。
- 燃焼室の温度が上がり、伝熱管の熱吸収量が多くなる。
- 水分の多い品質の低い燃料の燃焼に有効である。

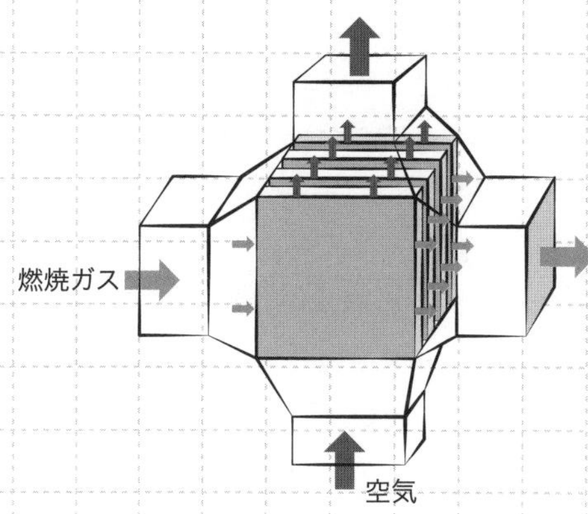

図10-5：空気予熱器

排気される燃焼ガスの熱を回収して、燃焼用空気をあらかじめ加熱すれば、ボイラーの熱効率が向上する。何事もそのまま捨てるのはもったいない。

Step3 暗記 何度も読み返せ！

- □ 過熱器とは、ボイラー本体で発生した飽和蒸気を、さらに加熱して過熱蒸気を得るためにドラムの出口側に設けられるものである。
- □ 沸水防止管は、気水分離器の一種で、低圧ボイラーの胴またはドラム内に、蒸気と水滴を分離・除去し、乾き度の高い飽和蒸気を得るために設けられる。

□ 長い主蒸気管には、温度の変化による伸縮を自由にするため、伸縮継手（エキスパンションジョイント）を設ける。

□ 伸縮継手には、湾曲形（ベント形）、ベローズ形（蛇腹形）、すべり形（スリーブ形）などがある。

□ 玉形弁は、入口と出口は一直線上にあるが、蒸気が弁内でS字にクランクして流れるため、全開時の抵抗が大きい。

□ アングル弁は、入口と出口が直角になったもので、一般に蒸気は下から入り横から出る。

□ 仕切弁は、蒸気が弁内を直線状に流れるので、全開時の抵抗が小さい。

□ 2基以上のボイラーが蒸気出口で同一管系に連絡している場合は、主蒸気弁の後に蒸気逆止め弁を設ける。

□ 減圧弁は、1次側の蒸気圧力及び蒸気流量にかかわらず、2次側の蒸気圧力をほぼ一定に保つことができる。

□ バケット式は、蒸気とドレンの密度差を利用したメカニカル式で、ドレンが直接トラップを駆動させるので、応答が速い。

□ バイメタル式は、蒸気とドレンの温度差を利用したサーモスタチック式で、温度を媒介してトラップを駆動させるので、応答が遅い。

□ ディスク式は、蒸気とドレンの熱力学的性質の差を利用したサーモダイナミック式で、圧力の影響を受けやすいが、小型軽量でウォータハンマに強い。

□ 空気予熱器は、ボイラーの効率が向上する。

□ 空気予熱器は、燃焼状態が良好になる。

□ 空気予熱器は、燃焼室の温度が上がり、伝熱管の熱吸収量が多くなる。

□ 空気予熱器は、水分の多い品質の低い燃料の燃焼に有効である。

重要度：🔥🔥🔥

No. 11 /33

給水装置

ボイラーの給水装置とは、ボイラーに水を供給する装置で、ポンプ、インゼクタなどが用いられている。また、熱効率を向上させるため、煙道の排ガスの熱で給水を加熱するエコノマイザが用いられる。

Step1 図解 目に焼き付けろ！

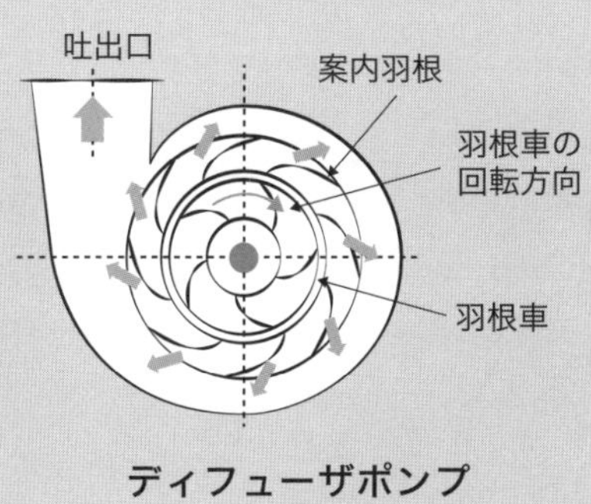

ディフューザポンプ

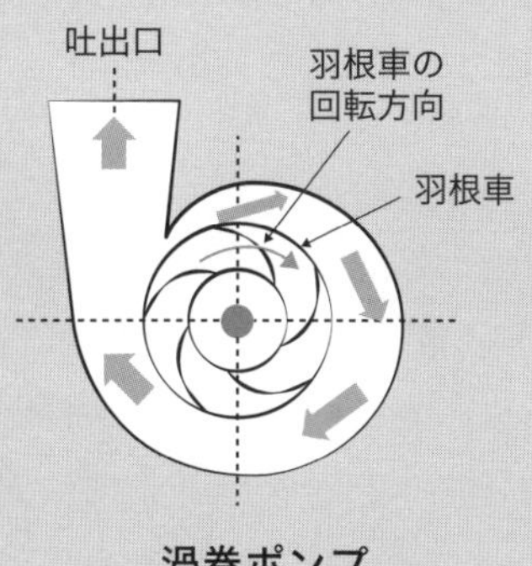

渦巻ポンプ

ボイラーの給水ポンプには、遠心ポンプが用いられる。遠心ポンプには、案内羽根のあるディフューザポンプと、案内羽根のない渦巻ポンプがあるぞ。

Step2 解説 爆裂に読み込め！

ボイラーの給水装置は、ポンプ、インゼクタ、エコノマイザを知れ！

ポンプ

ボイラーの給水ポンプには、遠心ポンプが用いられる。遠心ポンプには、案内羽根のあるディフューザポンプと、案内羽根のない渦巻ポンプがある。

ディフューザポンプは案内羽根により、水の速度エネルギーを効率よく圧力エネルギーに変換することができるため、高圧ボイラーに用いられる。案内羽根のない渦巻ポンプは、低圧ボイラーに用いられる。

その他、ボイラー給水ポンプには、渦流ポンプがある。渦流ポンプは、円周流ポンプともいい、小さい駆動動力で比較的高い揚程を得ることができる。小規模の蒸気ボイラーの給水ポンプに用いられている。

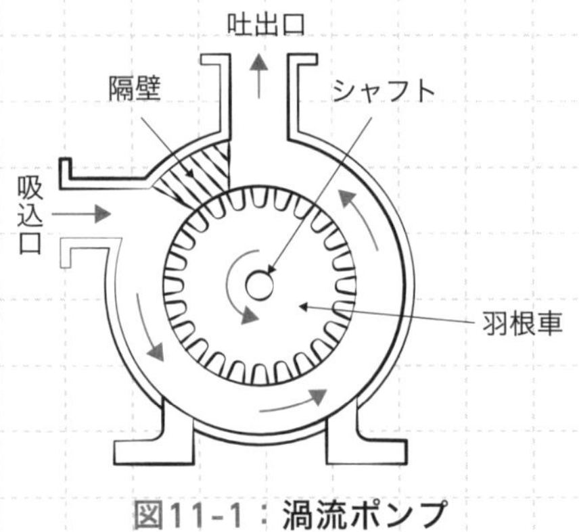

図11-1：渦流ポンプ

渦巻ポンプと渦流ポンプは、字が似ているが別物だ。間違えないように注意しよう。ちなみに、渦巻（うずまき）ポンプ、渦流（かりゅう）ポンプと読む。

インゼクタ

インゼクタは、ボイラーから生じた蒸気の噴射力を利用して、ボイラーに給水する装置である。インゼクタは、電気駆動の遠心ポンプと異なり、電気がなくても駆動できるため、給水ポンプの予備として使用される。また、インゼクタは、比較的低い圧力のボイラーに用いられ、高い圧力のボイラーには用いられない。

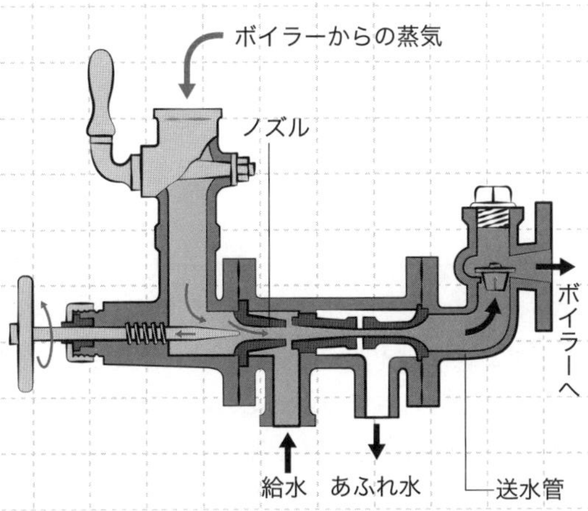

図11-2：インゼクタ

給水弁

ボイラーまたはエコノマイザの入口近くには、給水弁と給水逆止め弁が設けられる。給水弁にはアングル弁または玉形弁が、給水逆止め弁にはスイング式またはリフト式の弁が用いられる。

給水弁と給水逆止め弁をボイラーに取り付ける場合には、給水弁をボイラーから近い側に、給水逆止め弁はボイラーから遠い側に取り付ける。

動く部分のある逆止め弁は故障しやすい。給水逆止め弁を交換するときに、ボイラーに近い給水弁を閉めれば、ボイラーに圧力や水が残っていても給水逆止め弁を交換できる。一方、給水逆止め弁がボイラーに近い場合は、ボイラーの圧力や水を抜かないと給水逆止め弁を交換できず不便だ！

給水内管

給水内管とは、ボイラーの内部に給水するために、ボイラーの胴やドラムに設けられる管をいう。給水内管は、長い鋼管に多数の小さな穴を設けた構造になっている。この多数の小さい穴から水が出るようになっている。

給水内管は、胴やドラム内にたまっている水の部分に給水するために、常に水没させておく必要がある。したがって、給水内管は、胴やドラムの安全低水位面よりも下に取り付ける必要がある。

胴やドラム内の上の蒸気の部分に給水内管で給水すると、小穴から出た水が蒸気とともに送られて、水分を含んだ低品質の蒸気になってしまう。これを避けるために、給水内管は、常に、たまっている水に水没させておく必要があるわけだ。

エコノマイザ

エコノマイザとは、煙道内に設置し、煙道ガスの熱を回収してボイラー給水をあらかじめ加熱し、ボイラーの熱効率を向上させる装置である。

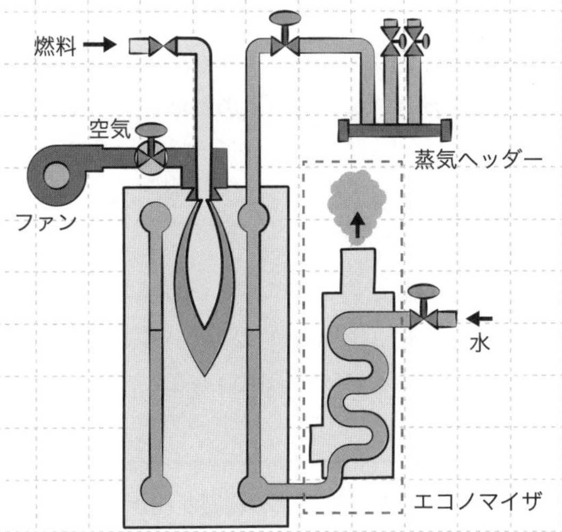

図11-3：エコノマイザ

エコノマイザを設置すると、ボイラーの熱効率が向上するが、エコノマイザは煙道内に設置されるので、煙道の通風抵抗が増加し、通風に必要な動力が増加する。

また、エコノマイザを設置すると、煙道ガスの温度が低下するので、燃料の重油に含まれる硫黄分によっては、低温腐食を起こすことがある。

低温腐食とは、冷えて凝縮した水に、排ガス中の硫黄が溶けて発生した硫酸により引き起こされる金属の腐食をいう。

吹出し（ブロー）装置

吹出しとは、ブローともいい、ボイラー内の水に含まれている腐食性物質などの不純物をボイラーの外に排出するための装置だ。吹出し装置は、ボイラー底部にたまる泥状の沈殿物であるスラッジを排出するための吹出し管と、吹出し管に取り付けられる弁である吹出し弁で構成される。

◆吹出し管

吹出し管は、ボイラー水の濃度を下げたり、沈殿物を排出したりするため、胴またはドラムに設けられる。胴、ドラムのない貫流ボイラーには設けられない。

◆吹出し弁の種類

吹出し弁には、スラッジなどによる故障を避けるため、Y形弁や仕切弁が用いられ、玉形弁やアングル弁は用いられない。小容量の低圧ボイラーの場合には、吹出し弁の代わりに吹出しコックを用いることが多い。

玉形弁やアングル弁は流れの経路が曲がっており、スラッジがたまって開閉不能などの故障が起きやすい。なので、吹き出し弁には、スラッジがたまりにくい、流れの経路が真っすぐなY形弁や仕切弁が用いられるぞ。

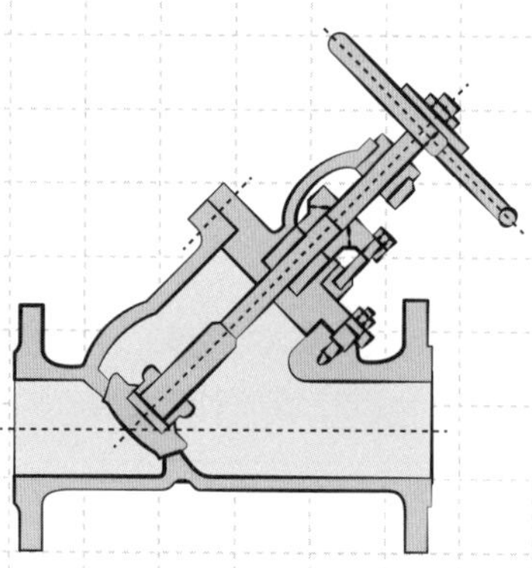

図11-4：Y形弁

◆吹出し弁の配置

大型ボイラー及び高圧ボイラーでは、2個の吹出し弁を直列に設け、ボイラーに近い方を急開弁、遠い方を漸開弁とする。急開弁とは、一気に開閉する弁、漸開弁とは、ゆっくり開閉する弁だ。

吹出し弁の操作方法については、ボイラーの取り扱いの章で解説するよ。

◆連続吹出し装置

連続的に運転するボイラーには、ボイラー内部の水の濃度を一定に保つために、調節弁によって吹出しする量を加減しつつ、少しずつ連続的に吹き出す連続吹出し装置が用いられる。

Step3 暗記 何度も読み返せ！

- □ ディフューザポンプは案内羽根により、水の速度エネルギーを効率よく圧力エネルギーに変換することができるため、高圧ボイラーに用いられる。
- □ 案内羽根のない渦巻ポンプは、低圧ボイラーに用いられる。
- □ 渦流ポンプは、円周流ポンプともいい、小さい駆動動力で比較的高い揚程を得ることができる。
- □ インゼクタは、ボイラーから生じた蒸気の噴射力を利用して、ボイラーに給水する装置である。
- □ インゼクタは、電気駆動の遠心ポンプと異なり、電気がなくても駆動できるため、給水ポンプの予備として使用される。
- □ インゼクタは、比較的低い圧力のボイラーに用いられる。
- □ 給水弁をボイラーから近い側に、給水逆止め弁はボイラーから遠い側に取り付ける。
- □ 給水内管は、胴やドラムの安全低水面よりも下に取り付ける必要がある。
- □ エコノマイザとは、煙道ガスの熱を回収してボイラー給水をあらかじめ加熱し、ボイラーの熱効率を向上させる装置である。
- □ エコノマイザを設置すると、煙道の通風抵抗が増加し、通風に必要な動力が増加する。
- □ エコノマイザを設置すると、煙道ガスの温度が低下するので、燃料の重油に含まれる硫黄分によっては、低温腐食を起こすことがある。
- □ 吹出し管は、貫流ボイラーには設けられない。
- □ 吹出し弁には、Y形弁や仕切弁が用いられ、玉形弁やアングル弁は用いられない。
- □ 大型ボイラー及び高圧ボイラーでは、2個の吹出し弁を直列に設け、ボイラーに近い方を急開弁、遠い方を漸開弁とする。
- □ 連続的に運転するボイラーには、連続吹出し装置が用いられる。

重要度：🔥🔥🔥

No. 12 /33

温水ボイラー、蒸気暖房ボイラーの附属装置

温水ボイラーの附属装置には、逃がし管、逃がし弁、温水循環ポンプ、温度計が、蒸気暖房ボイラーの附属装置には、凝縮水給水ポンプ、真空給水ポンプ、験水コックがある。

Step1 図解 目に焼き付けろ！

温水暖房システム

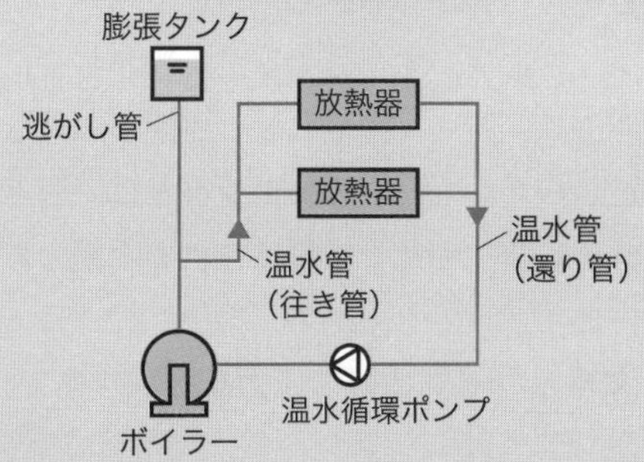

蒸気暖房システム

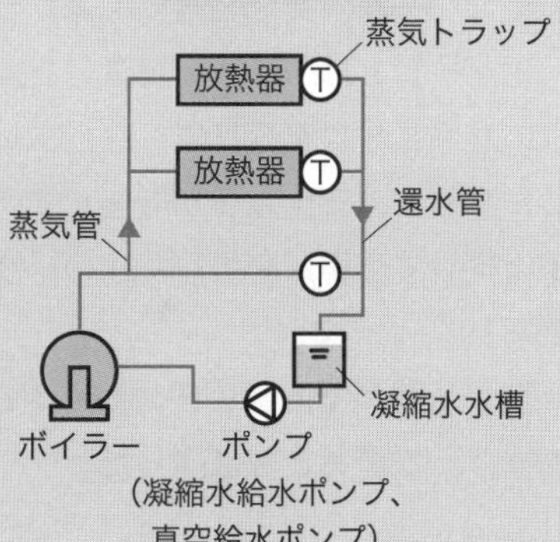

水を気体である水蒸気にしたり、液体である水にしたりする蒸気暖房のほうが、システムがめんどうくさいんだ。

Step2 解説

爆裂に読み込め！

試験対策は、温水ボイラー、蒸気暖房ボイラーの附属装置の切り分けだ！

温水ボイラーの附属装置

◆温水循環ポンプ

温水をポンプにより強制的に循環する方式の温水暖房ボイラーに用いられる。

◆逃がし管、逃がし弁

温水ボイラーの温水が異常高温になると、温水の体積が膨張して圧力が上昇し、ボイラー本体が破裂するおそれがある。このような異常時のボイラー水の膨張分を逃がす安全装置に、逃がし管と逃がし弁がある。

逃がし管とは、体積の膨張分を膨張タンクに逃がすための管だ。逃がし管には、弁やコックを設けてはならない。理由は、万一、弁やコックが閉めっぱなしになると、安全装置が機能せず危険だからだ。なお、膨張タンクとは、温度が上昇して体積が膨張した水の、膨張分を吸収するために設けられる水槽のことだ。

逃がし弁は、内部の圧力が一定以上になったら開放して圧力を逃がす弁で、構造は、安全弁とほぼ同じだ。

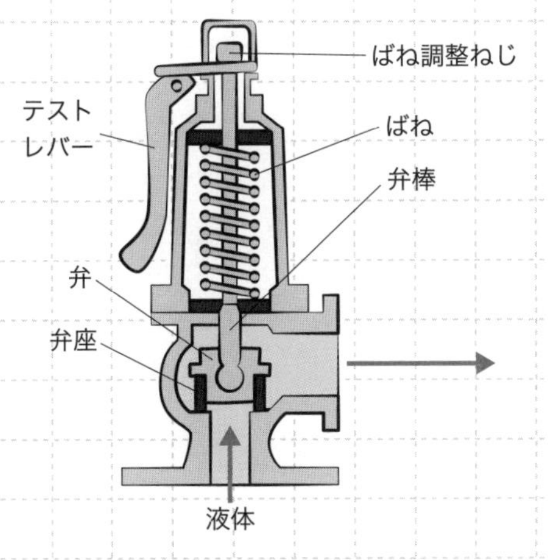

図12-1：逃がし弁

異常な圧力を逃がすのが**逃がし弁**。圧力を一定に調節するために圧力を減じるのは**減圧弁**だ。よく問われるので、間違えないようにしよう。

◆水高計

水高計とは、温水ボイラーの温水の**圧力**を測定する装置。水高計は、ボイラー**最上部**の見やすい場所に取り付ける。

◆温度計

温水の温度を測定する装置。温水計は、温水が最も高温となる箇所である温水ボイラーの**出口**付近の見やすい場所に取り付ける。

蒸気ボイラーには**安全弁**が、温水ボイラーには**逃がし弁**が用いられる。蒸気ボイラーには**圧力計**が、温水ボイラーには**水高計**が用いられるんだな。

➔ 蒸気暖房ボイラーの附属装置

◆凝縮水給水ポンプ

重力還水式の蒸気暖房装置に用いられるポンプ。重力により自然流下してくる凝縮した還水を、レシーバと呼ばれる凝縮水槽にためて、ポンプでボイラーに給水する。

◆真空給水ポンプ

真空給水ポンプは、真空ポンプで還水を吸引してタンクにため、給水ポンプでボイラーに給水する装置である。

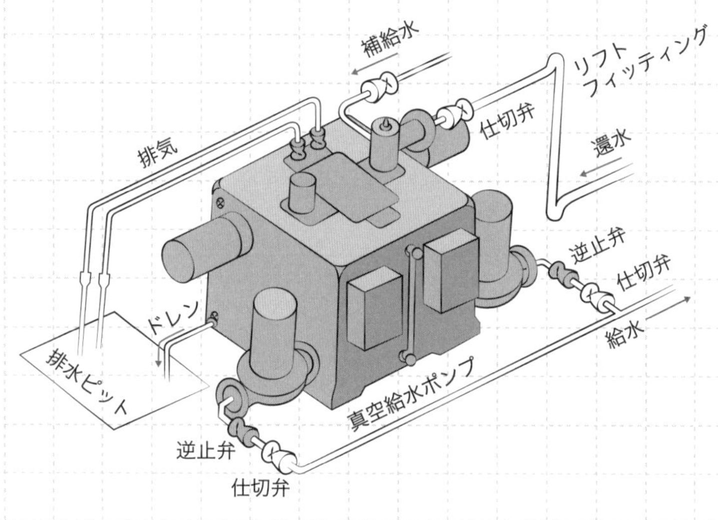

図12-2：真空給水ポンプ

◆験水コック

験水コックとは、ボイラー胴または水柱管に取り付けて、コックを開閉することにより、排出される水の有無で水位を確認するコックである。

凝縮水給水ポンプは、蒸気暖房ボイラーに用いられる。
温水循環ポンプは、温水ボイラーに用いられる。
験水コックは、水部と蒸気部の存在する蒸気ボイラーに取り付けられるもので、満水状態で使用される温水ボイラーには使用されない。

Step3 暗記 何度も読み返せ！

- □ 温水循環ポンプは、温水をポンプにより強制的に循環する方式の温水暖房ボイラーに用いられる。
- □ 逃がし管とは、体積の膨張分を膨張タンクに逃がすための管。
- □ 逃がし管には、弁やコックを設けてはならない。
- □ 逃がし弁は、内部の圧力が一定以上になったら開放して圧力を逃がす弁。
- □ 水高計は、ボイラー最上部の見やすい場所に取り付ける。
- □ 温度計は、温水が最も高温となる箇所である温水ボイラーの出口付近の見やすい場所に取り付ける。
- □ 凝縮水給水ポンプは重力還水式の蒸気暖房装置に用いられる。
- □ 真空給水ポンプは、真空ポンプで還水を吸引してタンクにため、給水ポンプでボイラーに給水する。
- □ 験水コックは、蒸気ボイラーに取り付けられ、温水ボイラーには使用されない。

重要度：🔥🔥

No.
13 /33 自動制御

ボイラーの自動制御では、シーケンス制御、フィードバック制御の制御方法、オンオフ動作、ハイ・ロー・オフ動作などの動作方式、蒸気圧力制御、温度制御、水位制御などの各制御が出題される。

Step1 図解 目に焼き付けろ！

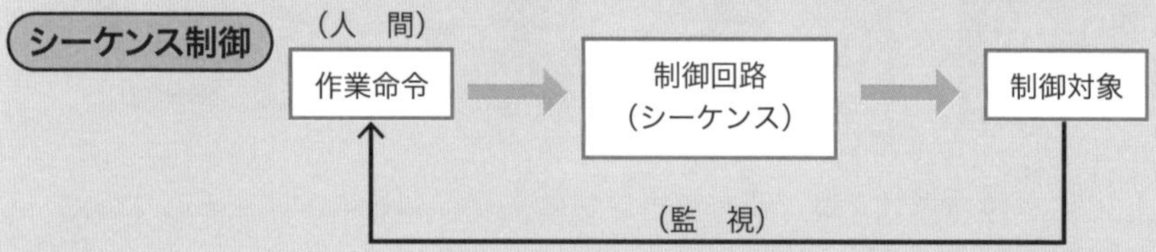

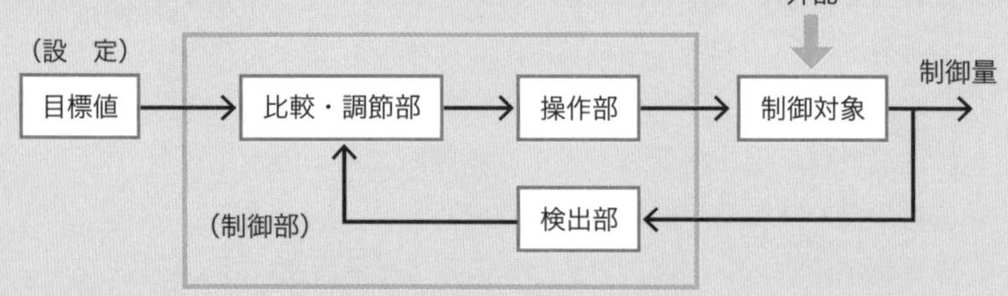

ボイラーの自動制御には、シーケンス制御とフィードバック制御がある。

Step2 解説 爆裂に読み込め！

自動制御とは、要するに、昔、人がやっていた風呂の湯加減の調節を自動にしたようなものだ。

シーケンス制御

シーケンス制御とは、あらかじめ定められた順序に従って、制御の各段階を順次進めていく制御である。ボイラーの始動停止の自動運転制御などに用いられている。

シーケンスとは英語の「sequence」のことで、意味は「順序」「連続」よ。シーケンス制御の身近な例としては、全自動洗濯機の「水張り」⇒「洗い」⇒「排水」⇒「脱水」⇒「水張り」⇒「すすぎ」⇒「排水」⇒「脱水」などがあるの。

シーケンス制御の接点

接点とは信号を送る電気回路において、信号を送ったり止めたりするために、接したり離れたりする点だ。シーケンス制御の接点には、メーク接点とブレーク接点がある。

- メーク接点（a接点）

電磁継電器（電磁リレー）に電流が流れると閉となり、電流が流れないと開となる接点。

- ブレーク接点（b接点）

電磁継電器（電磁リレー）に電流が流れると開となり、電流が流れないと閉となる接点。

電磁継電器とは、コイル（巻き線）に電流が流れると、電磁石の磁力により、接点が吸い付いたり（閉）、離れたり（開）する継電器だ。継電器とは、リレーともいい、信号を受けて動作する信号用のスイッチだ。

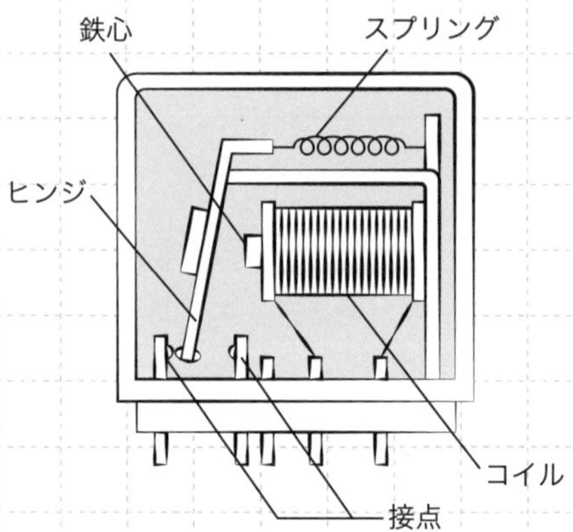

図13-1：電磁継電器(電磁リレー)

フィードバック制御

フィードバック制御とは、あらかじめ設定された目標値に、制御量を一致させるような訂正動作を繰り返す制御である。ボイラーの蒸気圧力制御、温度制御、水位制御の自動運転制御などに用いられている。

フィードバックとは、英語の「feedback」のことで、意味は「帰還」「反応」だ。フィードバック制御の身近な例としては、エアコンの室温制御がある。エアコンのコントローラーで室温を設定すれば、あとは自動で制御してくれるだろう。

フィードバック制御の動作方式

フィードバック制御には次の動作方式があり、それぞれの特徴は次のとおりである。

●オンオフ動作

オンオフ動作とは、設定値に対する制御量の正負を検出して、オンオフの2位置のいずれかの操作量（制御するために操作する量）となる動作方式。オンの設定値とオフの設定値の差である動作すき間を設ける必要がある。

動作すき間が適切に設定されていないと、オンとオフが頻繁に繰り返され、適切な動作が保てなくなるぞ。

●ハイ・ロー・オフ動作

ハイ・ロー・オフ動作とは、オンオフ制御のオンをハイ・ロー（高低）の2段階に分けた動作方式。3位置制御ともいう。

ハイ・ロー・オフ動作の身近な例としては、ドライヤーの強・弱・切などがあるね。

●比例動作

比例動作とは、偏差（設定値と制御量の差）の大きさに比例して操作量を増減する動作方式。P動作ともいう。

●微分動作

微分動作とは、偏差が変化する速度に比例して操作量を増減する動作方式。D動作ともいう。

●積分動作

積分動作とは、偏差の時間的積分に比例して操作量を増減する動作方式。I動作ともいう。積分動作は、オフセット（定常偏差）が現れた場合に、オフセットを解消できる動作方式である。オフセットとは、定常的に発生する目標値と制御量のズレのこと。

P動作のPは、英語の「proportion」の略、D動作のDは、英語の「differential」の略、そして、I動作のIは「integral」の略だ。

蒸気圧力制御

ボイラーの蒸気圧力制御とは、蒸気圧力を制御するために、燃料量及び燃焼空気量などを操作する制御である。蒸気圧力制御には、蒸気圧力により伸縮するベローズ（蛇腹）を利用した蒸気圧力調節器、蒸気圧力制限器が用いられている。

- 比例式蒸気圧力調節器

一般にコントロールモータ（制御用電動機）との組合せにより、比例動作(P動作)によって蒸気圧力の調節を行う。中・小容量以上のボイラーに用いられる。

- オンオフ式蒸気圧力調節器(電気式)

オンオフ動作により蒸気圧力を調節するもので、水を満たしたサイホン管を用いてボイラーに取り付けられる。小容量のボイラーに用いられる。

- 蒸気圧力制限器

一般にオンオフ式蒸気圧力調節器が使用され、ボイラーの蒸気圧力が異常に上昇した場合に、直ちに燃料の供給を遮断する。

ベローズは、蛇のベロではなく腹だ。

温度制御

ボイラーの温度制御は、蒸気温度、温水温度、燃料の加熱温度などの温度を制御する。

●オンオフ式温度調整器（電気式）

温水温度の制御に用いられ、調整器本体、感温体、連結する導管でできている。

感温体には、トルエン、エーテル、アルコールなどの揮発しやすい液体が封入されており、温度変化によって溶液が膨張・収縮することで、調整器のベローズを伸縮させてスイッチを開閉させる仕組みになっている。

また、感温体を保護管に入れる場合には、正確な温度を測定するために、熱がよく伝わるように保護管内にシリコングリスが挿入される。

●バイメタル

２種類の金属を張り合わせたもので、温度が変化すると２種類の金属の熱膨張率の違いにより変形し、接点を開閉させたり、メーターを表示させたりするもので、温度制御器や温度計などに用いられる。

バイは英語の接頭辞「bi-」で「2つの」という意味、メタルは英語の「metal」で「金属」という意味だ。

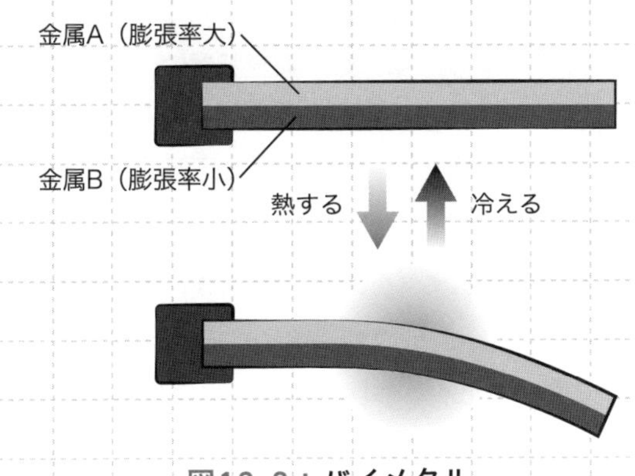

図13-2：バイメタル

水位制御

ボイラーの水位制御とは、ボイラーの水位を一定に保つために、ボイラーの水位や蒸気の使用量が変動した場合に、給水量を調節する制御である。
水位制御方式には、単要素式、２要素式、３要素式がある。

- 単要素式
  水位だけを検出して、給水量を調節。
- ２要素式
  水位と出口蒸気流量を検出して、給水量を調節。
- ３要素式
  水位と出口蒸気流量と入口給水流量を検出して、給水量を調節。

燃焼安全装置

燃焼安全装置とは、異常時に燃料の供給を直ちに遮断し、ボイラーの燃焼を停止する安全装置である。燃焼安全装置は、主安全制御器、火炎検出器、燃料遮断弁、制限器で構成されている。制限器は、事故防止のためのインタロックを目的に設けられている。

インタロックとは、安全な条件が整わないと動作できない仕組みのことをいう。例えば、燃焼安全装置は、人が安全を確認して手動による操作をしない限り、再起動できない機能を有しているぞ。

火炎検出器

火炎検出器とは、ボイラーの炉内で正常に燃焼が継続していることを確認するために、炉内の火炎を検出する機器をいう。火炎検出器の種類と特徴は次のとおりである。

- 硫化鉛セル
  硫化鉛の電気抵抗（電流の流れにくさ）が火炎によって変化する電気的特性を利用した検出器。
- 整流式光電管

光電子放出現象（光により電子を放出する現象）を利用した検出器。油の火炎に用いられる。ガスの火炎には適さない。

- 紫外線光電管

光電子放出現象を利用した検出器。すべての燃料の火炎に用いられる。

- フレームロッド

火炎の導電作用（電流が流れやすくなる作用）を利用した検出器。点火用のガスバーナに多用。

- フォトダイオードセル

ダイオード（半導体素子）の光起電力効果を利用した検出器。

半導体素子とは、半導体を利用した電気回路の要素をいう。半導体とは、電気を通しやすい導体と電気を通しにくい絶縁体の中間の電気抵抗をもつ物体をいう。

Step3 暗記 何度も読み返せ！

- □ シーケンス制御は、あらかじめ定められた順序に従って、制御の各段階を順次進めていく制御。
- □ メーク接点（a接点）は、コイルに電流が流れると閉。
- □ ブレーク接点（b接点）は、コイルに電流が流れると開。
- □ フィードバック制御とは、あらかじめ設定された目標値に、制御量を一致させるような訂正動作を繰り返す制御。
- □ オンオフ動作は、オンオフの２位置のいずれかの操作量となる動作方式。
- □ オンオフ動作には、動作すき間を設ける必要がある。
- □ ハイ・ロー・オフ動作は、３位置制御ともいう。

- □ 比例動作は、偏差の大きさに比例して操作量を増減。P動作。
- □ 微分動作は、偏差が変化する速度に比例して操作量を増減。D動作。
- □ 積分動作は、偏差の時間的積分に比例して操作量を増減。I動作。
- □ 積分動作は、オフセットを解消できる。
- □ 感温体には、揮発しやすい液体が封入。
- □ 感温体の保護管内にシリコングリスを挿入する。
- □ 単要素式は、水位だけを検出して、給水量を調節。
- □ 2要素式は、水位と出口蒸気流量を検出して、給水量を調節。
- □ 3要素式は、水位と出口蒸気流量と入口給水流量を検出して、給水量を調節。
- □ 燃焼安全装置は、手動による操作をしない限り、再起動できない。
- □ 硫化鉛セルは、硫化鉛の電気抵抗が火炎によって変化する電気的特性を利用。
- □ 整流式光電管は、光電子放出現象を利用。油の火炎に用いられる。ガスの火炎には適さない。
- □ 紫外線光電管は、光電子放出現象を利用。すべての燃料の火炎に用いられる。
- □ フレームロッドは、火炎の導電作用を利用。点火用のガスバーナに多用。
- □ フォトダイオードセルは、ダイオードの光起電力効果を利用。

燃えろ！演習問題

本章で学んだことを復習だ！　分からない問題は、テキストに戻って確認するんだ！　分からないままで終わらせるなよ！！

01 ブルドン管圧力計は、断面が真円な管を円弧状に曲げたブルドン管に圧力が加わると、圧力の大きさに応じて円弧が広がることを利用している。

02 圧力計と胴または蒸気ドラムとの間に空気を入れたサイホン管などを取り付け、蒸気がブルドン管に直接入らないようにする。

03 圧力計は、原則として、胴または蒸気ドラムの一番高い位置に取り付ける。

04 圧力計のコックは、ハンドルが管軸と同一方向になったときに閉じるように取り付ける。

05 差圧式流量計は、流体が流れている管の中に絞りを挿入すると、入口と出口との間に流量の二乗に比例する圧力差が生じることを利用している。

06 容積式流量計は、だ円形のケーシングの中で、だ円形歯車を2個組み合わせ、これを流体の流れによって回転させると、流量が歯車の回転数に比例することを利用している。

07 平形反射式水面計は、光線の屈折率の差を利用したもので、蒸気部は赤色に、水部は緑色に見える。

08 平形反射式水面計は、ガラスの前面から見ると水部は光線が通って黒色に見え、蒸気部は光線が反射されて白色に光って見える。

09 貫流ボイラーを除く蒸気ボイラーには、原則として、2個以上のガラス水面計を見やすい位置に取り付ける。

10 ガラス水面計は、可視範囲の最上部がボイラーの安全低水面と同じ高さになるように取り付ける。

11 ガラス水面計は、主として最高使用圧力1MPa以下の丸ボイラーなどに用いられる。

12 U字管式通風計は、計測する場所の空気またはガスの圧力と大気圧との差圧を水面の高低差で示す。

13 主蒸気弁に用いられる仕切弁は、蒸気の流れが弁体内部でS字形になるため抵抗が大きい。

14 主蒸気弁に用いられるアングル弁は、蒸気が弁本体の内部で直線状に流れるため抵抗が小さい。

15 沸水防止管は、大径のパイプの下面の多数の穴から蒸気を取り入れ、蒸気流の方向を変えることによって水滴を分離するものである。

16 バケット式蒸気トラップは、ドレンの存在が直接トラップ弁を駆動するので、作動が迅速かつ確実で、信頼性が高い。

17 バケット式蒸気トラップは、蒸気とドレンの温度差を利用するもので、作動が迅速かつ確実で、信頼性が高い。

18 長い主蒸気管の配置に当たっては、温度の変化による伸縮に対応するため、湾曲形、ベローズ形、すべり形などの伸縮継手を設ける。

19 空気予熱器を設置すると、ボイラー効率が上昇する。

20 空気予熱器を設置すると、水分の多い低品位燃料の燃焼効率が上昇する。

21 空気予熱器を設置すると、ボイラーへの給水温度が上昇する。

22 ボイラーに給水する遠心ポンプは、多数の羽根を有する羽根車をケーシング内で回転させ、遠心作用により水に圧力及び速度エネルギーを与える。

23 遠心ポンプは、案内羽根を有する渦巻ポンプと有しないディフューザポンプに分類される。

24 渦巻ポンプは、円周流ポンプとも呼ばれているもので、小容量の蒸気ボイラーなどに用いられる。

25 高圧のボイラーにはディフューザポンプが用いられる。渦巻ポンプは、一般に低圧のボイラーに用いられる。

26 インゼクタは、蒸気の噴射力を利用して清掃するものである。

27 給水逆止め弁には、アングル弁又は仕切弁が用いられる。

28 給水弁と給水逆止め弁をボイラーに取り付ける場合は、ボイラーに近い側に給水逆止め弁を取り付ける。

29 給水内管は、一般に長い鋼管に多数の穴を設けたもので、胴又は蒸気ドラム内の安全低水面よりやや下方に取り付ける。

30 エコノマイザは、煙道ガスの余熱を回収して給水の予熱に利用する装置である。

31 エコノマイザを設置すると、ボイラー効率を向上させ燃料が節約できる。

32 エコノマイザを設置すると、通風抵抗が減少する。

33 エコノマイザは、燃料の性状によっては高温腐食を起こすことがある。

34 水高計は、蒸気ボイラーの圧力を測る計器である。

35 温水ボイラーの温度計は、ボイラー水が最高温度となる箇所の見やすい位置に取り付ける。

36 温水ボイラーの逃がし管は、ボイラー水の膨張分を逃がすためのもので、開放型膨張タンクに直結させる。

37 逃がし管には、途中に保守用の弁やコックを取り付ける。

38 逃がし弁は、暖房用蒸気ボイラーで、発生蒸気の圧力と使用箇所での蒸気圧力の差が大きいときの調節弁として用いられる。

39 逃がし弁は、温水ボイラーで、膨張タンクを密閉型にした場合に用いられる。

40 凝縮水給水ポンプは、重力還水式の暖房用蒸気ボイラーで、凝縮水をボイラーに押し込むために用いられる。

41 温水暖房ボイラーの温水循環ポンプは、ボイラーで加熱された水を放熱器に送り、再びボイラーに戻すために用いられる。

42 フィードバック制御は、あらかじめ定められた順序に従って、制御の各段階を、順次、進めていく制御である。

43 オンオフ動作とは、設定値に対する制御量の正負を検出して、オンオフの2位置のいずれかの操作量となる動作方式でのことである。

44 ハイ・ロー・オフ動作とは、オンオフ制御のオンをハイ・ロー（高低）の2段階に分けた動作方式のことである。

45 比例動作による制御は、オフセットが現れた場合にオフセットがなくなるように動作する制御である。

46 比例動作による制御は、偏差の時間積分値に比例して操作量を増減するように動作する制御である。

47 微分動作による制御は、偏差が変化する速度に比例して操作量を増減するように動作する制御である。

48 オンオフ式温度調節器（電気式）の感温体を、保護管を用いて取り付ける場合は、保護管内にシリコングリスを挿入してはならない。

49 オンオフ式温度調節器（電気式）の温度調節器は、一般に、調節温度及び動作すき間の設定を行う。

50 電磁継電器のブレーク接点（b接点）は、コイルに電流が流れると閉となり、電流が流れないと開となる。

解答・解説

01 ✕ →テーマ09

ブルドン管圧力計は、断面がへん平な管を円弧状に曲げたブルドン管に圧力が加わると、圧力の大きさに応じて円弧が広がることを利用している。

02 ✕ →テーマ09

圧力計と胴または蒸気ドラムとの間に水を入れたサイホン管などを取り付け、蒸気がブルドン管に直接入らないようにする。

03 ○ →テーマ09

04 ✕ →テーマ09

圧力計のコックは、ハンドルが管軸と同一方向になったときに開くように取り付ける。

05 ○ →テーマ09

06 ○ →テーマ09

07 ✕ →テーマ09

二色式反射式水面計は、光線の屈折率の差を利用したもので、蒸気部は赤色に、水部は緑色に見える。

08 ○ →テーマ09

09 ○ →テーマ09

10 ✕ →テーマ09

ガラス水面計は、可視範囲の最下部がボイラーの安全低水面と同じ高さになるように取り付ける。

11 ○ →テーマ09

12 ○ →テーマ09

13 ✕ →テーマ10

主蒸気弁に用いられる玉形弁は、蒸気の流れが弁体内部でS字形になるため抵抗が大きい。

14 ✕ →テーマ10

主蒸気弁に用いられる仕切弁は、蒸気が弁本体の内部で直線状に流れるため抵抗が小さい。

15 ✕ →テーマ10

沸水防止管は、大径のパイプの上面の多数の穴から蒸気を取り入れ、蒸気流の方向を変えることによって水滴を分離するものである。

16 ○ →テーマ10

17 × →テーマ10

バケット式蒸気トラップは、蒸気とドレンの密度差を利用するもので、作動が迅速かつ確実で、信頼性が高い。

18 ○ →テーマ10

19 ○ →テーマ10

20 ○ →テーマ10

21 × →テーマ10

空気予熱器を設置すると、ボイラーへの燃焼用空気の温度が上昇する。

22 ○ →テーマ11

23 × →テーマ11

遠心ポンプは、案内羽根を有するディフューザポンプと有しない渦巻ポンプに分類される。

24 × →テーマ11

渦流ポンプは、円周流ポンプとも呼ばれているもので、小容量の蒸気ボイラーなどに用いられる。

25 ○ →テーマ11

26 × →テーマ11

インゼクタは、蒸気の噴射力を利用して給水するものである。

27 × →テーマ11

給水逆止め弁には、スイング式またはリフト式が用いられる。

28 × →テーマ11

給水弁と給水逆止め弁をボイラーに取り付ける場合は、ボイラーに近い側に給水弁を取り付ける。

29 ○ →テーマ11

30 ○ →テーマ11

31 ○ →テーマ11

32 × →テーマ11

エコノマイザを設置すると、通風抵抗が増加する。

33 × →テーマ11

エコノマイザは、燃料の性状によっては低温腐食を起こすことがある。

34 × →テーマ12

水高計は、温水ボイラーの圧力を測る計器であり、蒸気ボイラーの圧力計に相当する。

35　○　→テーマ12

36　○　→テーマ12

37　×　→テーマ12

逃がし管には、途中に弁やコックを取り付けてはならない。

38　×　→テーマ12

減圧弁は、暖房用蒸気ボイラーで、発生蒸気の圧力と使用箇所での蒸気圧力の差が大きいときの調節弁として用いられる。

39　○　→テーマ12

40　○　→テーマ12

41　○　→テーマ12

42　×　→テーマ13

シーケンス制御は、あらかじめ定められた順序に従って、制御の各段階を、順次、進めていく制御である。

43　○　→テーマ13

44　○　→テーマ13

45　×　→テーマ13

積分動作による制御は、オフセットが現れた場合にオフセットがなくなるように動作する制御である。

46　×　→テーマ13

積分動作による制御は、偏差の時間積分値に比例して操作量を増減するように動作する制御である。

47　○　→テーマ13

48　×　→テーマ13

保護管を用いて感温体を取り付ける場合は、保護管内にシリコングリスを挿入して使用する。

49　○　→テーマ13

50　×　→テーマ13

電磁継電器のメーク接点（a接点）は、コイルに電流が流れると閉となり、電流が流れないと開となる。

第2科目

ボイラーの取扱い

ここでは、試験科目の2つめ「ボイラーの取扱いに関する知識」について学習するぞ！

試験科目	範囲
ボイラーの構造に関する知識	熱及び蒸気、種類及び型式、主要部分の構造、材料、据付け、附属設備及び附属品の構造、自動制御装置
ボイラーの取扱いに関する知識	点火、使用中の留意事項、埋火、附属装置及び附属品の取扱い、ボイラー用水及びその処理、吹出し、損傷及びその防止方法、清浄作業、点検
燃料及び燃焼に関する知識	燃料の種類、燃焼理論、燃焼方式及び燃焼装置、通風及び通風装置
関係法令	労働安全衛生法、労働安全衛生法施行令及び労働安全衛生規則中の関係条項、ボイラー及び圧力容器安全規則、ボイラー構造規格中の附属設備及び附属品に関する条項

第 3 章

運転と異常時の取扱い

アクセスキー　I

（大文字のアイ）

重要度：🔥🔥🔥

No.
14 /33 点火前の点検と点火

ボイラーの点火前の点検と点火は、水圧試験、点火前の点検・準備の方法、点火の手順、逆火の発生原因、不着火時の対応について、学習する。逆火とは、バックファイヤともいい、点火時に火炎が炉外へ吹き出る異常現象のことだ。

Step1 図解 目に焼き付けろ！

水圧試験

●設置しているボイラーの異常の有無を調べる

↓

点火前の点検・設備

●圧力計の指針の位置を点検

●水位を上下して水位検出器と給水ポンプの機能を試験

↓

点火

●煙道ダンパを全開にして、ファンを運転し、炉内および煙道内の換気を行う

●火種をバーナの前方下部に置く

●燃料弁を開け、バーナに点火する

炉内には、空気⇒火種⇒燃料の順で供給する。火種とは、燃料に火をつけるための小さな火をいう。

Step2 解説 爆裂に読み込め！

点火を確実に行うためには、作業の順序が重要だ。ファイア～

設置しているボイラーの水圧試験

設置しているボイラーの異常の有無を調べる水圧試験は、次の方法で実施される。

- 水圧試験圧力は、最高使用圧力の1.0～1.1倍の圧力で行う。
- 水圧試験圧力に達した後、約30分間保持し、圧力の降下の有無を確かめる。

ボイラーの水圧試験は、製造時と設置後では試験圧力が違う。間違えないようにしよう。なお、試験時間は、製造時も設置後も同じだ！

実施時期	試験圧力	試験時間
製造時	最高使用圧力の1.5倍	30分
設置後	最高使用圧力の1.0～1.1倍	30分

点火前点検

ボイラーの点火前の点検・準備は次の方法により行う。

- 水面計によってボイラー水位が高いことを確認したときは、吹出しを行って正常な水位に調整する。
- 験水コックがある場合には、水の部分にあるコックを開けて、水が噴き出すことを確認する。

- 圧力計の指針の位置を点検し、残針（指針がゼロにならないこと）がある場合は予備の圧力計と取り替える。
- 水位を上下して水位検出器の機能を試験し、給水ポンプが設定水位の下限において起動、上限において停止することを確認する。

吹出しとは、ボイラーの胴の下部についている吹出し管の弁やコックを開けて、ボイラーの胴の中の水を排出することをいう。

点火の手順

点火を行うとき、まず開かなければならないのは煙道ダンパだ。火種はバーナの下に置く。これは、タバコに火をつけるときに、ライターをタバコの下に置くのと同じだ。

点火の手順は、火種⇒燃料弁を開くの順で行う。燃料弁を先に開いてから点火すると、炉内に充満した燃料に着火して爆発の危険がある。

また、火種はできるだけ火力の大きなものを使用し、確実に点火させることが重要だ。

まとめると次のようになる。

- 煙道ダンパを全開にして、ファンを運転し、炉内および煙道内の換気を行う。
- 火種をバーナの前方下部に置く。
- 燃料弁を開け、バーナに点火する。

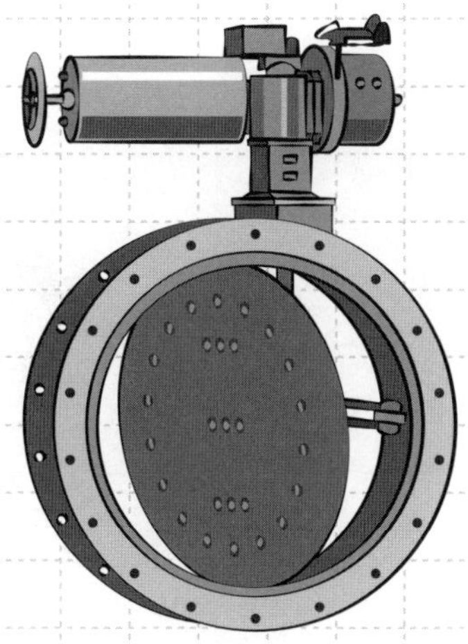

14-1：煙道ダンパ

逆火（バックファイヤ）の発生原因

逆火は、炉内に滞留した未燃焼ガス（燃え残りの可燃性ガス）や燃料が一気に燃焼することで発生する。通風不足や着火遅れがあると、未燃焼ガスや燃料が炉内に滞留して、逆火が発生しやすくなる。

炉内に供給する順序は、空気⇒火種⇒燃料で行い、燃料を炉内に滞留させずに速やかに燃焼させることが大切だ。

点火は必ず点火用火種で行い、他のバーナや炉壁の熱で点火してはならんぞ。

逆火は、次のような場合に発生しやすい。

- 煙道ダンパの開度不足などにより、炉内の通風力が不足している場合。
- 点火時の着火が遅れた場合。
- 燃料→空気の順で炉内に供給した場合。
- 複数バーナがある炉において、点火用火種ではなく、燃焼中の他のバーナの火炎を利用して点火した場合。

14-2：逆火

不着火時の対応

点火操作後、制限時間内に着火するか確認する。着火しない不着火のときや燃焼が不安定なときは、直ちに燃料弁を閉じ、煙道ダンパを全開にして炉内を換気し、未燃ガスを炉外に排出する。

また、不着火の原因の1つに、燃料油の温度が低すぎる場合がある。燃料油の温度が低すぎる場合は、燃料油の粘度（ねばり度合）が上昇し、バーナからの噴霧が不良となって不着火の原因となる。必要に応じて燃料油を加熱する必要がある。

不着火、燃焼が不安定なときに、まずしなくてはならないことは、燃料弁を閉じて、燃料の供給をストップすることだ。

Step3 暗記 何度も読み返せ！

- □ 設置後の水圧試験は、最高使用圧力の1.0〜1.1倍の圧力で行う。
- □ 設置後の水圧試験は、約30分間保持し、圧力の降下の有無を確認。
- □ ボイラーの点火前の点検・準備では、給水ポンプが設定水位の下限で起動、上限で停止することを確認。
- □ 点火の手順は、
  ①煙道ダンパを全開にして、炉内および煙道内の換気を行う。
  ②火種をバーナの前方下部に置く。
  ③燃料弁を開け、バーナに点火する。
- □ 逆火（バックファイヤ）の発生原因
  ①煙道ダンパの開度不足などにより、炉内の通風力が不足している場合。
  ②点火時の着火が遅れた場合。
  ③燃料→空気の順で炉内に供給した場合。
  ④複数バーナがある炉において、点火用火種ではなく、燃焼中の他のバーナの火炎を利用して点火した場合。
- □ 不着火時の対応は、直ちに燃料弁を閉じ、煙道ダンパを全開にして炉内を換気し、未燃ガスを炉外に排出する。

重要度：🔥🔥🔥

No. 15 /33 運転中の取扱い

ボイラーの運転時の取扱いからは、運転開始時の弁、コックの状態、運転開始から圧力上昇時の取扱い、油燃焼による火炎と空気量の関係、燃焼量の調節、プレパージとポストパージなどの事項が出題される。

Step1 図解 目に焼き付けろ！

主蒸気止め弁の開閉

たき始め：閉 → 送気：開

胴の空気抜き弁の開閉

たき始め：開 → 空気排出後：閉

燃料の増減時の手順

燃焼量増加時　空気 → 燃料

燃焼量減少時　燃料 → 空気

プレパージとポストパージ

プレパージ → ボイラー運転 → ポストパージ

主蒸気止め弁は閉から開、空気抜き弁は開から閉だ。開と閉は字が似ているから間違えないようにしよう！

Step2 解説 爆裂に読み込め！

弁の開閉や空気や燃焼の調整の手順は、丸暗記ではなく理屈を理解しろ！

運転開始時の弁、コックの状態

ボイラーの運転開始時の弁やコックの状態は、次のとおりである。

- 主蒸気止め弁は、蒸気圧力が上がり送気するまで閉にする。蒸気圧力が上がり送気するときに開にする。
- 水面計の連絡管の弁、コックは、水面を水面計により常時確認するため、開にする。
- 胴の空気抜き弁は、たき始めの内部の空気を排出するため開とし、空気が抜けて蒸気が出たら閉にする。ボイラーをたき始める前から空気抜き弁を開き、空気を放出させる。
- 吹出し弁、コックは、常時閉とし、吹出し時に開にする。
- 圧力計のコックは、圧力計により蒸気圧力や水圧などの圧力を確認するため、開にする。

圧力上昇時の取扱い

ボイラーのたき始めは、いかなる理由があっても急激に燃焼量を増やしてはならない。急激な燃焼量の増加は、ボイラー本体の不同膨張（いびつな膨張）を起こし、レンガ積みの目地の割れ、本体のクラック（割れ）や水管や煙管の取付け部、継手部からの漏水を引き起こす。特に鋳鉄製ボイラーは、急冷急熱により割れが発生しやすい。

- 冷水からたき始める場合には、圧力が上がり始めるまで、徐々に最大燃焼量に達するようにする。

- 圧力上昇中の圧力計の背面を点検のため指先で軽くたたいて、圧力計の機能を確認する。
- 水面計に表れている水位が、かすかに上下に動いているのは、正常である。
- 整備した直後の場合には、ふたの取付け部は昇圧中及び昇圧後、増し締め（ナットをさらに締め込むこと）する。

ボイラーをたき始めると、気泡が発生してボイラーの水が膨張することにより、水位が上昇する。水位が上昇した場合には、吹出しを行って水位を下げ、常用水位を維持する必要がある。

油火炎と空気量の関係

油燃焼による火炎と空気量の関係は、空気量が適量である場合には、火炎はオレンジ色を呈し、炉内の見通しがきく状態になる。空気量が多いと、輝白色の短炎（短い炎）となり炉内が明るい状態になる。逆に空気量が少ない場合は、火炎が暗赤色で煙が発生する。

空気量の過不足は、炎の状態確認のほかには、排ガス中のCO_2、COまたはO_2の計測値により判断することができるな。

燃焼量の調節

点火は、ハイ・ロー・オフ動作による制御では、燃焼段階に高燃焼域と低燃焼域があるが、低燃焼域で行う。また、バーナーが上下2基ある場合は、下⇒上の順にバーナーに点火する。

ボイラーは、常に圧力を一定に保つように負荷の変動に応じて、燃焼量を増減する必要がある。燃焼量を増すときは空気量を先に増し、燃焼量を減ずるときは燃料の供給量を先に減少させる。

燃焼量を増加させるときは、空気⇒燃料の順で増加させる。
燃焼量を減少させるときは、燃料⇒空気の順で減少させる。
要するに、常に、空気＞燃料の関係を保つ必要がある。
燃料＞空気になると、未燃焼ガスが発生し、炉内爆発の危険があるからだ。

プレパージとポストパージ

プレパージとは、ボイラーの運転前に、炉内及び煙道の未燃焼ガスを排出（パージ）するために行う換気である。未燃焼ガスが炉内や煙道に滞留していると、炉内爆発の恐れがあるため、速やかに排出する必要がある。

ポストパージとは、ボイラーの停止後、炉内及び煙道の未燃焼ガスを排出するために実施する換気である。

プレパージとポストパージはタイミングが異なるだけで、目的と方法は同じだな。

Step3 暗記 何度も読み返せ！

- ☐ 主蒸気止め弁は、蒸気圧力が上がり送気するまで閉。蒸気圧力が上がり送気するときに開。
- ☐ 水面計の連絡管の弁、コックは、水面を確認するため開。
- ☐ 胴の空気抜き弁は、たき始めは開、空気が抜けたら閉。
- ☐ 吹出し弁、コックは、常時閉、吹出し時に開。
- ☐ 圧力計のコックは、圧力を確認するため開。
- ☐ ボイラーのたき始めは、急激に燃焼量を増やしてはならない。

- □ 急激な燃焼量の増加は、不同膨張、目地の割れ、本体のクラック(割れ)、漏水を引き起こす。
- □ 冷水からたき始める場合は、徐々に最大燃焼量に達するようにする。
- □ 圧力上昇中の圧力計の背面を指先で軽くたたいて、機能を確認する。
- □ 水面計に表れている水位が、かすかに上下に動いているのは、正常。
- □ 整備した直後は、ふたの取付け部は昇圧中及び昇圧後、増し締め。
- □ ボイラーをたき始めると、ボイラー水が膨張し、水位が上昇する。
- □ 水位が上昇した場合、吹出しを行って水位を下げ、常用水位を維持する。
- □ 油火炎と空気量：空気量が適量だと火炎はオレンジ色、炉内の見通しがきく。
- □ 油火炎と空気量：空気量が多いと輝白色の短炎で炉内が明るい。
- □ 油火炎と空気量：空気量が少ないと火炎が暗赤色で煙が発生。
- □ 空気量の過不足は、排ガス中のCO_2、COまたはO_2の計測値により判断できる。
- □ ハイ・ロー・オフ動作の点火は、低燃焼域で行う。
- □ バーナーが上下2基ある場合は、下⇒上の順に点火
- □ 燃焼量を増加させるときは、空気⇒燃料の順。
- □ 燃焼量を減少させるときは、燃料⇒空気の順。
- □ ポストパージは、ボイラーの停止後、炉内及び煙道の未燃焼ガスを排出。
- □ プレパージは、ボイラーの運転前に、炉内及び煙道の未燃焼ガスを排出。

重要度：🔥🔥

No.
16
/33

運転中の保守

ボイラーの運転中の保守には、吹出しとスートブローがある。吹出しについては、実施のタイミング、吹出し時の注意事項、吹出し弁の位置と操作手順について理解しよう。類似の問題が頻出しているから得点源にしよう。

Step1 図解 目に焼き付けろ！

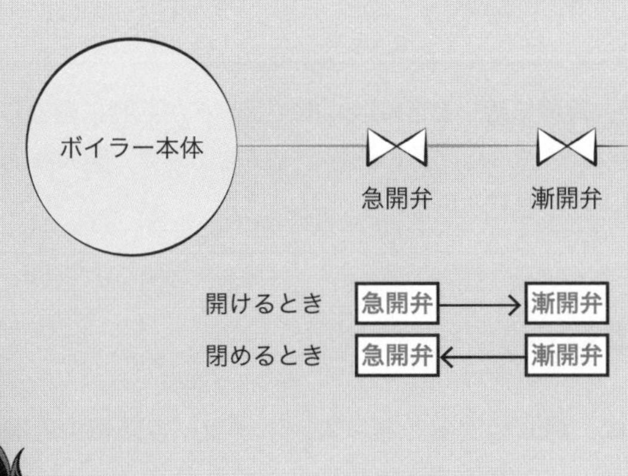

急開弁とは、全閉から短時間に全開できる弁だ。漸開弁とは、全閉から全開まで弁棒を5回転以上回す必要がある弁だ。急開弁は締切り用、漸開弁は吹出し用だ。

Step2 解説 爆裂に読み込め！

吹出しとスートブローでは、「やってはいけないこと」を覚えよう。

吹出しの実施時期

吹出しとは、ブローともいい、ボイラー本体の底部にたまったスラッジ（泥状沈殿物）を排出するために、スラッジとともにボイラー水の一部を排出することだ。吹出しは、次のときに行う。

- ボイラーの運転前
- ボイラーの運転停止後
- 軽負荷で低燃焼のとき

最大負荷に近いときには、ボイラー水が活発に循環しており、スラッジも循環し底部に沈殿していないので、最大負荷に近いときに吹出しを行うのは不適当だ。

間欠吹出し

間欠吹出しとは、時間の間隔をあけて、ボイラーの運転中に適宜行う吹出しのことだ。間欠吹出しに関する注意事項は次のとおりである。

- 吹出しを行っている間は、他の作業を行ってはならない。
- 隣接した2基のボイラーの吹出しを1人で同時に行ってはならない。
- 鋳鉄製ボイラーや水冷壁の吹出しは、運転中に行ってはならない。
- 給湯用または閉回路で使用する温水ボイラーは、ボイラー休止中に適宜吹出しを行う。

鋳鉄製ボイラーは、吹出しを行うと補給水により、ボイラー本体が急冷されて割れる恐れがあるので、運転中に吹出しをしてはいけない。鋳鉄製蒸気ボイラーの吹出しは、燃焼をしばらく停止して、ボイラー水の一部を入れ替えるときに行う。

給湯用は、中のお湯を外に出して使用するので、吹出しをしているのと同じだから、運転中に吹出しする必要がない。

暖房用などの密閉された循環配管回路の場合は、ボイラー水の蒸発による濃縮が起きにくいので、運転中に吹出しする必要がない。

吹出しは、ながら作業や同時作業は禁止だ。

吹出しの弁の操作

吹出し弁を直列に2個設ける場合は、ボイラーに近いほうを急開弁（はやく開閉する弁）、遠い方を漸開弁（ゆっくり開閉する弁）とする。

操作の順序は、

- 開放する場合：急開弁を先に開き、次に漸開弁を開く。
- 閉止する場合：先に漸開弁を閉じてから、次に急開弁を閉じる。

吹出し弁を操作する者が水面計の水位を直接見ることができない場合は、水面計の監視者と共同で合図しながら吹出しを行う。

開ける場合は先に急開弁を開けておいて、漸開弁をゆっくり開いて徐々に吹出しを始める。閉める場合は、まず漸開弁をゆっくり閉めて徐々に吹出しを終わらせてから、急開弁を閉じる。

スートブロー

スートブローとは、すす吹きともいい、スートブロワ（小穴から蒸気を吹出す装置）によりボイラー中の蒸気を伝熱管外面などに吹き付けて、伝熱管外面に付着したすす（スート）を除去することをいう。スートブローの蒸気には、清浄効果を上げるため、ドレンの混入していない乾いた蒸気を用いる。

スートブローに関する注意事項は次のとおりだ。

- スートブローは燃焼量の高い最大負荷よりやや低いときに行う。
- スートブローの前に、スートブロアのドレン（還水）を抜いて、炉内にドレンを吹き付けないようにする。

燃焼量の低いときにスートブローを行うと、火炎が焼失する恐れがある。したがって、スートブローは最大負荷よりやや低い、燃焼量の高いときに行う。吹出しは軽負荷低燃焼のときに対して、スートブローは最大負荷高燃焼のときだ。間違えないようにしよう！

Step3 暗記

何度も読み返せ!

- □ 吹出しは、ボイラーの運転前、運転停止後、軽負荷で低燃焼時に行う。
- □ 吹出しを行っている間は、他の作業を行ってはならない。
- □ 隣接した2基のボイラーの吹出しを1人で同時に行ってはならない。
- □ 鋳鉄製ボイラーや水冷壁の吹出しは、運転中に行ってはならない。
- □ 給湯用、閉回路の温水ボイラーは、ボイラー休止中に適宜吹出しを行う。
- □ 吹出し弁を直列に2個設ける場合は、ボイラーに近いほうを急開弁、遠い方を漸開弁とする。
- □ 開放する場合は、急開弁を先に開き、次に漸開弁を開く。
- □ 閉止する場合は、先に漸開弁を閉じてから、次に急開弁を閉じる。
- □ 吹出し弁を操作する者が水面計の水位を直接見ることができない場合は、水面計の監視者と共同で合図しながら吹出しを行う。
- □ スートブローは燃焼量の高い最大負荷よりやや低いときに行う。
- □ スートブローの前に、スートブロアのドレンを抜く。

重要度：🔥🔥🔥

No. 17 /33 異常時の取扱い

ボイラーの異常時の取扱いでは、まずボイラーを安全に停止することが重要だ。ボイラーの異常現象としては、異常消火、油火炎の火花、燃焼遮断弁に使用される電磁弁の故障、キャリオーバなどについて理解しよう。

Step1 図解 目に焼き付けろ！

ボイラー停止の手順

燃焼停止 → 給水停止 → 蒸気停止 → 換気停止

キャリオーバ

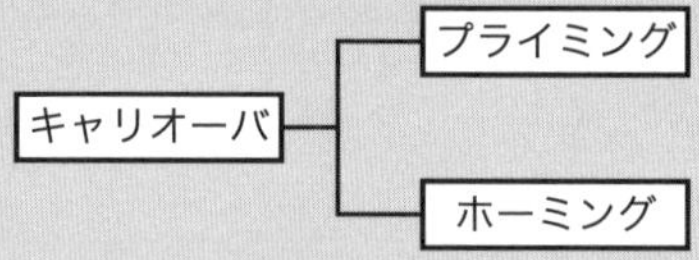

・キャリオーバ：ボイラー水が蒸気とともに送気系統に運び出される現象
・プライミング：ボイラー水が水滴として送気系統に運び出される現象
・ホーミング：ボイラー水が泡となって運び出される現象

キャリオーバは英語の「carry over」で、「持ち越す」という意味、プライミングは英語の「priming」で、「呼び水」という意味、ホーミングは英語の「foaming」で、「泡立ち」という意味だ。

Step2 解説 爆裂に読み込め！

異常時には、まずは火を消せ。

ボイラー停止の手順

ボイラー停止のときに、まず行う手順は燃焼の停止である。燃焼は、燃料の供給を停止し、炉内の燃料や未燃ガスを排出（パージ）すれば停止する。

- 燃料の供給を停止する。
- 炉内および煙道の換気（パージ）を行う。
- 常用水位よりやや高めまで給水してから、給水弁を閉じて給水ポンプを停止する。
- 主蒸気弁を閉じて、主蒸気管などのドレン弁を開く。
- 排煙ダンパを閉じる。

燃焼系統を停止してから、給水系統、蒸気系統を停止し、最後に換気系統を停止する手順だ。

ボイラーの緊急停止時の手順

緊急時でも通常の操作時でも、ボイラーの停止時にまず行う操作は燃料の停止だ。燃料の供給を停止し、換気により燃料や未燃ガスを炉外に排出（パージ）して、燃焼を停止する。

- 燃料の供給を停止する。
- 炉内、煙道の換気を行う。
- 主蒸気弁を閉じる。

- 給水を行う必要のあるときは給水を行い、必要な水位を維持する。

緊急停止時には、給水を行う必要のあるときは給水を行う。異常低水位の場合や鋳鉄製ボイラーには給水を行わない。なお、異常低水位のときの措置については、あとで解説するので、しばし待たれよ。

異常消火する原因

運転中のボイラーが異常消火する主な原因は、次のとおりだ。

- 燃料遮断装置の動作。
- 燃料に対して燃焼用空気量が多すぎる。
- 油ろ過器が詰まっている。
- 燃料油弁を絞りすぎている。
- 炉内温度が低すぎる。
- 燃料油に水分や気体が多く含まれている。
- 停電

燃焼を継続させるには、可燃物（燃料）、酸素（空気）、温度の燃焼の三要素の確保が必要である。温度が低すぎると、燃料と空気が確保されていても燃焼を継続することはできないので、異常消火の原因になる。だから、燃料に対して空気量が多すぎる場合も、温度の低下を招くので、異常消火の原因になる。

何事も、過ぎたるは猶及ばざるが如し、ということだ。

油火炎の火花が生じる原因

油火炎から火花が生じる異常現象の原因は、次のとおりである。

- バーナの故障、調節不良

- 油の圧力、温度の不適正
- 噴霧媒体の圧力の不適正
- 通風の過大

噴霧媒体とは、油を霧化（霧吹き）するのに用いられる流体で、空気または蒸気が用いられる。空気または蒸気の噴霧媒体の圧力が適正でないと、油の火炎から火花が発生する。

また、通風は、不足ではなく過大になると、火花が生じる原因になるので、覚えておこう。痛風が過大になると、目から火花が出るほど痛い。

電磁弁の故障原因

電磁弁とは、電磁石の磁力とばねの張力により開閉する弁をいう。電磁弁は、燃料遮断弁などに用いられている。燃料遮断弁に用いられている電磁弁の故障原因は次のとおり。

- 燃料中の異物の弁へのかみ込み
- 電磁コイル（巻き線）の絶縁不良、焼損
- ばねの折損、張力低下
- 弁棒の曲がり

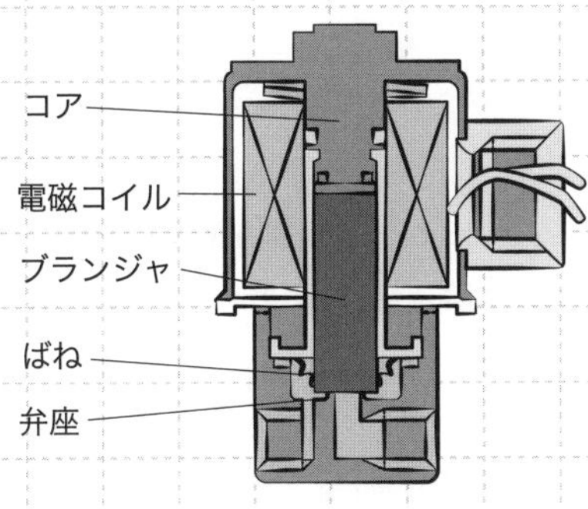

17-1：電磁弁

一般的に、電磁弁には、バイメタルやダイヤフラムは用いられない。ダイヤフラムとは、ゴムなどの弾性を有した物質で作られた薄い隔膜をいうが、バイメタルやダイヤフラムは、オンオフ式温度調節器（電気式）に用いられるぞ。

ボイラー水の異常現象

ボイラー水に発生する異常現象の用語に、キャリオーバ、プライミング、ホーミングがある。

キャリオーバとは、ボイラー水が蒸気とともに送気系統に運び出される現象をいう。キャリオーバには、ボイラー水が水滴として送気系統に運び出されるプライミング（水気立ち）と、泡となって運び出されるホーミング（泡立ち）がある。

キャリオーバによる不具合は、次のとおりである。

- 蒸気の純度を低下させる。
- ボイラー水が揺動し、水面計の水位が確認しにくくなる。
- 自動制御の検出部や連絡配管の閉そくや機能障害を起こす。
- ボイラー水が過熱器に入り、蒸気温度の低下、過熱器の汚損や破損を起こす。
- 実際の水位よりも高いと水位制御装置が検知し、ボイラーの水位を下げる方向に制御が働いて低位水になる。

プライミングやホーミングが急激に発生すると、水気や泡により、実際の水位よりも高く水位があると水位制御装置が検知してしまう。このため、ボイラーの水位を下げる方向に制御が働き、低位水になる恐れがあり危険なのだ。

ホーミングの例としては、泡だらけの生ビールジョッキには、あまりビールは入っておらず、低ビール位だ。

キャリオーバの原因と処置

キャリオーバの発生する原因とそれに対する処置は次のとおりである。

表17-1：キャリオーバの原因と処置

No.	発生原因	処置の方法
1	蒸気負荷の過大	燃焼量を下げる
2	主蒸気弁の急開	主蒸気弁を漸開し、水位を急変させない
3	水位が高い	吹出し（ブロー）して水位を調節する
4	ボイラー水の濃縮により不純物が多い	水質試験を行い、吹出し量を増やす。または水替えを行う

主蒸気弁を急開すると、圧力が急低下して沸点が下がり、沸騰しやすくなってキャリオーバする。また、不純物が多いと泡立ちやすくなり、ホーミングによるキャリオーバが発生しやすくなる。

Step 3 暗記 何度も読み返せ！

- □ ボイラー停止は、まず燃焼の停止。
- □ 燃料に対して空気量が多すぎると、温度が低下し、異常消火の原因になる。
- □ 油の火炎は、通風が過大になると、火花が生じる原因になる。
- □ 電磁弁は、電磁コイル、ばねなどで構成されている。
- □ キャリオーバとは、ボイラー水が蒸気とともに送気系統に運び出される現象。
- □ キャリオーバには、水滴として運び出されるプライミングと、泡として運び出されるホーミングがある。
- □ キャリオーバの際は、実際の水位よりも高いと水位制御装置が検知し、ボイラーの水位を下げる方向に制御が働いて低位水になる。
- □ 主蒸気弁を急開すると、圧力が急低下して沸点が下がってキャリオーバする。
- □ 不純物が多いと泡立ちやすくなり、ホーミングが発生しやすくなる。

燃えろ！演習問題

本章で学んだことを復習だ！　分からない問題は、テキストに戻って確認するんだ！　分からないままで終わらせるなよ！！

01　設置しているボイラーの異常の有無を調べる水圧試験の水圧試験圧力は、最高使用圧力の1.0～1.1倍の圧力で行う。

02　設置しているボイラーの異常の有無を調べる水圧試験は、水圧試験圧力に達した後、約30分間保持し、圧力の上昇の有無を確かめる。

03　水面計によってボイラー水位が高いことを確認したときは、吹出しを行って正常な水位に調整する。

04　点火前の準備として、験水コックがある場合には、蒸気部にあるコックを開けて、水が噴き出すことを確認する。

05　点火前の準備として、圧力計の指針の位置を点検し、残針がある場合は予備の圧力計と取り替える。

06　点火前の準備として、水位を上下して水位検出器の機能を試験し、給水ポンプが設定水位の上限において、正確に起動することを確認する。

07　点火前の準備として、煙道の各ダンパを全閉にしてファンを運転し、炉及び煙道内の換気を行う。

08　点火前、通風装置により、炉内及び煙道を十分な空気量でポストパージする。

09　点火の手順は、燃料弁を開けてから、火種をバーナの前方下部に置き、バーナに点火する。

10　バーナが上下に2基配置されている場合は、上方のバーナから点火する。

11　燃料弁を開いてから点火制限時間内に着火しないときは、直ちに燃料弁を閉じ、炉内を換気する。

12　不着火の原因の一つに、燃料油の温度が低すぎる場合がある。

13　着火後、燃焼状態が不安定なときは、直ちにダンパを全開し、炉内を換気してから燃料弁を閉じる。

14　煙道ダンパの開度が不足していると、逆火が発生しやすい。

15　点火の際に着火が速すぎると、逆火が発生しやすい。

16 複数のバーナを有するボイラーで、燃焼中のバーナの火炎を利用して次のバーナに点火したときは、逆火が発生しやすい。

17 運転開始時、主蒸気止め弁は、蒸気圧力が上がり送気するまで閉にする。蒸気圧力が上がり送気するときに開にする。

18 冷水からたき始める場合には、圧力が上がり始めるまで、一気に最大燃焼量に達するようにする。

19 ボイラーをたき始めるとボイラー本体の膨張により水位が下がるので、給水を行い常用水位に戻す。

20 胴の空気抜き弁は、たき始めの内部の空気を排出するため閉とし、空気が抜けて蒸気が出たら開にする。

21 整備した直後のボイラーでは、使用開始後にふた取付け部は、漏れの有無にかかわらず、昇圧中や昇圧後に増し締めを行う。

22 油燃焼による火炎と空気量の関係は、空気量が多いと、輝白色の短炎となり炉内が明るい状態になる。逆に空気量が少ない場合は、火炎が暗赤色で煙が発生する。

23 燃焼量を増すときは燃料の供給量を先に増し、燃焼量を減ずるときは空気量を先に減少させる。

24 吹出しは、ボイラーを運転する前、運転を停止したとき又は負荷が高いときに行う。

25 鋳鉄製温水ボイラーは、配管のさび又はスラッジを吹き出す場合のほかは、吹出しは行わない。

26 水冷壁の吹出しは運転中の負荷が低いときに行う。

27 鋳鉄製蒸気ボイラーの吹出しは、燃焼をしばらく停止して、ボイラー水の一部を入れ替えるときに行う。

28 1人で2基以上のボイラーの吹出しを同時に行ってはならない。

29 給湯用温水ボイラーの吹出しは、酸化鉄、スラッジなどの沈殿を考慮して、ボイラー休止中に適宜行う。

30 吹出しを行っている間は、他の作業を行ってはならない。

31 吹出し弁が直列に2個設けられている場合は、漸開弁を先に開き、次に急開弁を開いて吹出しを行う。

32 吹出し弁を開放する場合、急開弁を先に開き、次に漸開弁を開く。

33 吹出し弁を閉止する場合、先に漸開弁を閉じてから、次に急開弁を閉じる。

34 スートブローは、主としてボイラーの水管内面などに付着するスケールの除去を目的として行う。

35 スートブローは、安定した燃焼状態を保持するため、一般に最大負荷の50%以下で行う。

36 スートブローの蒸気には、清浄効果を上げるため、ドレンの混入した密度の高い湿り蒸気を用いる。

37 スートブローの前にはドレンを十分に抜く。

38 燃料中の異物が弁にかみ込んでいると、直接開閉形電磁弁が故障しやすい。

39 電磁コイルの絶縁性能が上昇していると、直接開閉形電磁弁の故障原因となる。

40 油ろ過器が詰まっていると、ボイラーの異常消火の原因になる。

41 燃料油弁を開けすぎると、ボイラーの異常消火の原因になる。

42 炉内温度が高すぎると、ボイラーの異常消火の原因になる。

43 高水位はキャリオーバの発生原因になる。

44 主蒸気弁を急に開くことはキャリオーバの発生原因になる。

45 蒸気負荷が過小であるとキャリオーバが発生しやすい。

46 ボイラー水が過度に濃縮されているとキャリオーバが発生しにくい。

47 キャリオーバが発生すると、ボイラー水全体が著しく揺動し、水面計の水位が確認しにくくなる。

48 キャリオーバが発生すると、自動制御関係の検出端の開口部若しくは連絡配管の閉そく又は機能の障害を起こす。

49 キャリオーバが発生すると、水位制御装置が、ボイラー水位が下がったものと認識する。

50 通風が不足すると油火炎の火花が生じる。

解答・解説

01 ○ →テーマ14

02 × →テーマ14

水圧試験圧力に達した後、約30分間保持し、圧力の降下の有無を確かめる。

03 ○ →テーマ14

04 × →テーマ14

験水コックがある場合には、水の部分にあるコックを開けて、水が噴き出すことを確認する。

05 〇 →テーマ14

06 × →テーマ14

水位を上下して水位検出器の機能を試験し、給水ポンプが設定水位の下限において、正確に起動することを確認する。

07 × →テーマ14

煙道の各ダンパを全開にしてファンを運転し、炉及び煙道内の換気を行う。

08 × →テーマ15

点火前、通風装置により、炉内及び煙道を十分な空気量でプレパージする。

09 × →テーマ14

点火の手順は、火種をバーナの前方下部に置いてから、燃料弁を開けてバーナに点火する。

10 × →テーマ15

バーナが上下に2基配置されている場合は、下方のバーナから点火する。

11 〇 →テーマ14

12 〇 →テーマ14

13 × →テーマ14

着火後、燃焼状態が不安定なときは、直ちに燃料弁を閉じ、ダンパを全開にして炉内を換気する。

14 〇 →テーマ14

15 × →テーマ14

点火の際に着火が遅れると、逆火が発生しやすい。

16 〇 →テーマ14

17 〇 →テーマ15

18 × →テーマ15

冷水からたき始める場合には、圧力が上がり始めるまで、徐々に最大燃焼量に達するようにする。

19 × テーマ15

ボイラーをたき始めるとボイラー本体の膨張により水位が上がるので、吹出しを行い常用水位に戻す。

20 × →テーマ15

胴の空気抜き弁は、たき始めの内部の空気を排出するため開とし、空気が抜けて蒸気が出たら閉にする。

21　○ →テーマ15

22　○ →テーマ15

23　× →テーマ15

燃焼量を増すときは空気量を先に増し、燃焼量を減ずるときは燃料の供給量を先に減少させる。

24　× →テーマ16

吹出しは、ボイラーを運転する前、運転を停止したとき又は負荷が低いときに行う。

25　○ テーマ16

26　× →テーマ16

水冷壁の吹出しは、いかなる場合でも運転中に行ってはならない。

27　○ →テーマ16

28　○ →テーマ16

29　○ →テーマ16

30　○ →テーマ16

31　× →テーマ16

吹出し弁が直列に2個設けられている場合は、急開弁を先に開き、次に漸開弁を開いて吹出しを行う。

32　○ →テーマ16

33　○ →テーマ16

34　× →テーマ16

スートブローは、主としてボイラーの水管外面などに付着するすすの除去を目的として行う。

35　× →テーマ16

スートブローは、安定した燃焼状態を保持するため、一般に最大負荷よりやや低い負荷のときに行う。

36　× →テーマ16

スートブローの蒸気には、ドレンの混入していない乾いた蒸気を用いる。

37　○ →テーマ16

38　○ →テーマ17

39 ✕ →テーマ17

電磁コイルの絶縁性能が低下していると、直接開閉形電磁弁の故障原因となる。

40 〇 →テーマ17

41 ✕ →テーマ17

燃料油弁を絞りすぎると、油だきボイラーの異常消火の原因になる。

42 ✕ →テーマ17

炉内温度が低すぎると、ボイラーの異常消火の原因になる。

43 〇 →テーマ17

44 〇 →テーマ17

45 ✕ →テーマ17

蒸気負荷が過大であるとキャリオーバが発生しやすい。

46 ✕ →テーマ17

ボイラー水が過度に濃縮されているとキャリオーバが発生しやすい。

47 〇 →テーマ17

48 〇 →テーマ17

49 ✕ →テーマ17

キャリオーバが発生すると、水位制御装置が、ボイラー水位が上がったものと認識し、ボイラー水位を下げて低水位事故を起こす。

50 ✕ →テーマ17

通風が過大になると油火炎の火花が生じる。

第4章

ボイラーの維持保全

アクセスキー　9
(数字のきゅう)

重要度：🔥🔥

No. 18 /33

附属品の取扱い

ボイラーの附属品の取扱いでは、水面計の機能試験、安全低水位面、水位の異常低下の原因と措置、安全弁の調整・試験・蒸気漏れ時の措置、ボイラー給水ポンプの取扱いなどが出題される。附属品だからといって、なめたらいかんぜよ。

Step1 図解 目に焼き付けろ！

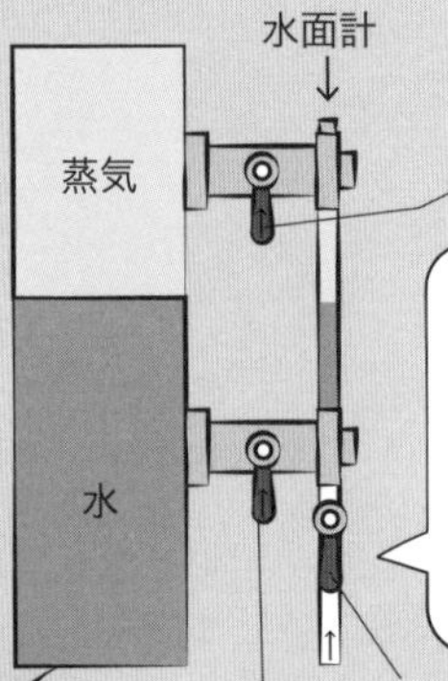

水面計のコックは一般のコックと異なり、正常運転時にはハンドルがすべて下方となる。つまり、ハンドルが管軸と同一方向になった場合に閉じ、ハンドルが管軸と直角になった時に開く。

正常運転時の水面計のコックの開閉は、次のとおりだ。

蒸気コック：開　（ハンドルが蒸気部連絡管と直角方向）

水コック：開　（ハンドルが水部連絡管と直角方向）

ドレンコック：閉　（ハンドルがドレン管と同一方向）

Step 2 解説 爆裂に読み込め！

安全弁　ボルト締めると　不安全

水面計の機能試験の手順

水面計の機能試験は、たき始めに蒸気圧力のない場合は蒸気圧力が上がり始めたときに行う。**2個の水面計**に差異が生じたときや、**キャリオーバ**が生じたときにも、水面計の機能試験を行う。

水面計の機能試験の手順は、次のとおりだ。

- 蒸気コック及び水コックを**閉じる**（①）。
- ドレンコックを**開いて**ガラス管内の**気水を出す**（②）。
- 水コックを**開き**水だけをブローし、噴出状態を見て水コックを**閉じる**（③）。
- 蒸気コックを**開き**蒸気だけをブローし、噴出状態を見て蒸気コックを**閉じる**（④）。
- ドレンコックを**閉じて**から、蒸気コックを少しずつ**開き**、次いで水コックを**開く**。

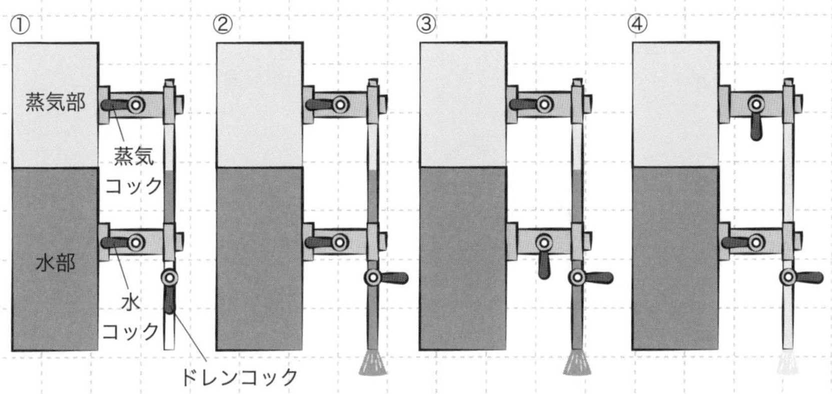

図18-1：水面計の機能試験

水面計が水柱管に取り付けられている場合は、水柱管下部のブロー管により毎日1回ブローを行い、水側連絡管のスラッジを排出する。ボイラーの水位検出器のフロート式では、1日に1回以上、フロート室のブローを行う。電極式では、1日に1回以上、水の純度の上昇による電気伝導率の低下を防ぐため、検出筒内のブローを行う。

水柱管とボイラー本体を連結している配管を連絡管という。連絡管の勾配は、スラッジが水柱管へ流れずにボイラー本体へ流れるよう、ボイラー本体に向かって下り勾配、水柱管に向かって上り勾配とする。

安全低水面

安全低水面とは、ボイラーの運転中に維持しなければならない最低位置の水面をいう。ボイラーの種類ごとの安全低水面は、次のとおりである。

- 立てボイラー（多管式）：火室天井面から煙管長さの1/3上部
- 立てボイラー（横管式）：火室最高部より75mm上部
- 炉筒煙管ボイラー：炉筒最高部より100mm上部または煙管最高部より75mm上部の高い方

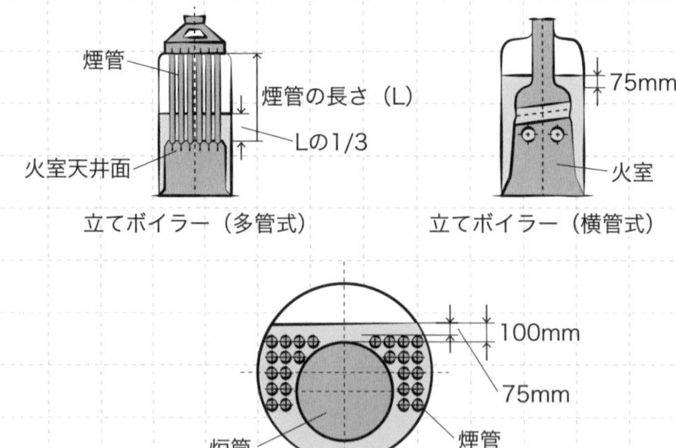

図18-2：ボイラーの安全低水面

- 横煙管ボイラー：煙管最上位より75mm上部
- 水管ボイラー：その構造に応じて定められた位置

炉筒からの高さは100mmだ。「ロトで100万」

水位の異常低下の原因

水位が異常低下する主な原因は次のとおりである。

- 水位の監視不良：水面計の汚れ、自動制御装置の不良
- 水面計の機能不良：不純物により閉そく、止め弁の誤操作
- ボイラー水の漏れ：吹き出し装置の閉止不完全、ボイラー本体の損傷
- 蒸気の大量消費
- 自動給水装置、低水位遮断器の動作不良：不純物による動作障害、機器の故障
- 給水不能：給水装置の故障、給水弁の操作不良、逆止弁の故障、給水内管の小穴の閉そく、給水温度の過昇、貯水槽の水量不足

給水能力以上に蒸気を大量に消費し続けると、ボイラーの水位が異常低下する。収入以上に支出が多いと貯金が異常低下するのと同じだ。

水位の異常低下時の措置

ボイラーの水位が安全低水面以下に異常低下したときの措置は、次のとおりである。

- 燃料の供給を止めて、燃焼を停止する。
- 換気を行い、炉を冷却する。

- 主蒸気弁を閉じて、送気を停止する。
- 水面上にある加熱管が急冷されるので給水しない。鋳鉄製ボイラーは絶対に給水してはならない。
- ボイラーが自然冷却するのを待ち、原因及び各部の損傷を点検する。

低水位時に燃焼し続けると、いわゆる空焚きとなり異常に過熱される。まず、ボイラーの過熱を防止することが大切だ。なので、燃焼を停止し、換気して冷却する。

給水により冷却すると、水面上にある加熱管などが急冷され、損傷する恐れがあるので、給水してはならん。特に、割れやすい鋳鉄製ボイラーは、いかなる場合も給水してはならん。しつこいけど、肝に銘じよう。

安全弁の調整・試験

ボイラーの安全弁の調整・試験は次の手順で行う。

- 試験レバーによる手動試験は、最高使用圧力の75%以上の圧力で行う。
- ボイラーの圧力をゆっくり上昇させて安全弁を作動させ、安全弁の吹出し圧力及び吹止まり圧力を確認する。
- 安全弁が設定圧力になっても作動しない場合は、直ちにボイラーの圧力を設定圧力の80%程度まで下げて、調整ボルトを緩めて再度試験をする。
- ボイラーに安全弁が2個設けられている場合は、1個の安全弁を最高使用圧力以下で作動するように調整し、他の安全弁を最高使用圧力の3%増し以下で作動するよう調整する。
- 最高使用圧力の異なるボイラーが連絡している場合、各ボイラーの安全弁は、最高使用圧力の最も低いボイラーを基準に調整する。
- エコノマイザの安全弁はボイラー本体の安全弁より後に作動するように、ボイラー本体の安全弁よりも高い圧力に調整する。

エコノマイザの安全弁は、ボイラー本体の安全弁より後に作動するようにする。エコノマイザの安全弁が先に作動してしまうと、給水系統の下流にあるボイラー本体に給水されなくなる恐れがあるからだ。

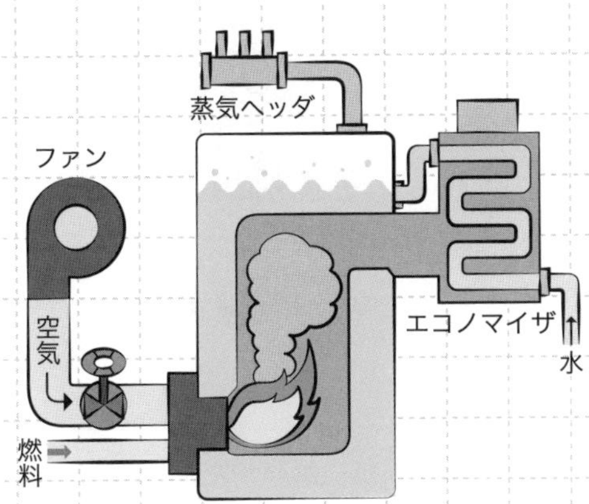

図18-3：エコノマイザ

➔ 安全弁の蒸気漏れ時の措置

安全弁から蒸気が漏れている場合の措置は次のとおりである。

- 弁体と弁座のすり合わせをする。
- 試験用レバーがある場合は、レバーを動かして弁の当たりを変えてみる。
- 弁体と弁座の間にごみなどが付着していないか調べる。
- 弁体と弁座との中心が合っているか調べる。

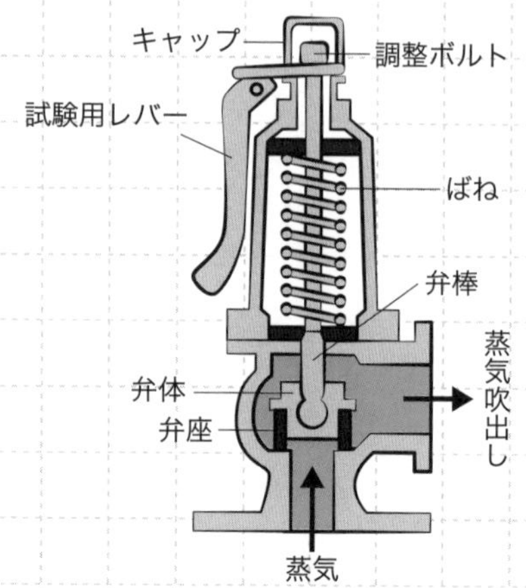

図18-4：安全弁の調整ボルト

安全弁の調整ボルトは、規定の圧力で作動するように調整されている。蒸気漏れを止めるために調整ボルトを締め付けると、規定の圧力になっても動作しなくなり非常に危険だ。だから、蒸気漏れを止めるために調整ボルトを締めつけるのは、絶対にしてはならん。

ボイラー給水ポンプの取扱い

ボイラーに給水するためのポンプの取扱いは、次のとおりである。

- 給水管系における異常を予知するため、ポンプの吐出し側の圧力計により、給水圧力の異常の有無を点検する。
- 運転を開始するときは、吸込み弁を全開した後、ポンプ駆動用電動機を起動し、ポンプの回転と水圧が正常になったら吐出し弁を徐々に開き全開にする。吸込み弁とはポンプの吸込み側（入口側）の配管にある弁、吐出し弁とはポンプの吐出し側（出口側）にある弁だ。吐出し弁を閉じたまま長く運転すると、ポンプ内の水温が上昇し過熱を起こすので、注意が必要だ。

- 運転を停止するときは、吐出し弁を徐々に閉め、全閉してから電動機の運転を止める。
- 運転中に、ポンプの軸のシール方式の点検を行う。
  グランドパッキンシール方式：水滴が滴下する水漏れがあることを確認。
  メカニカルシール方式：運転中に水漏れがないことを確認。

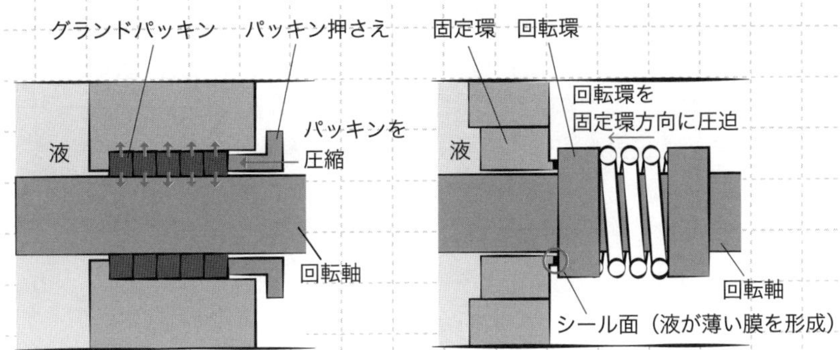

図18-5：グランドパッキンシール方式（左）とメカニカルシール方式（右）

ポンプは、軸が貫通する部分から水が流れ出ないようにするために、ふさぐ（シール）必要がある。ポンプの軸のシール方式には、グランドパッキンシール方式とメカニカルシール方式がある。

グランドパッキンシール方式は、ポンプの回転軸の貫通部にグランドパッキンと呼ばれる詰め物をして、ふさぐものだ。軸とパッキンが摩擦して発熱するので、冷却するため運転中少量の水を滴下するようにする。

メカニカルシール方式は、メカニカルシールと呼ばれる精密な機械部品で、回転軸の貫通部のすき間に液膜を形成させることで、摩擦させずにふさいでいる。だから、水滴による冷却は不要だ。

要するに、漏水があるのはグランドパッキン。すなわち「グランパが老衰」と覚えよう。

Step3 暗記

何度も読み返せ！

- □ 連絡管の勾配は、ボイラーに向かって下り勾配、水柱管に向かって上り勾配。
- □ 試験レバーによる手動試験は、最高使用圧力の75%以上の圧力で行う。
- □ 安全弁が設定圧力になっても作動しない場合は、直ちにボイラーの圧力を設定圧力の80%程度まで下げて、調整ボルトを緩めて再度試験。
- □ ボイラーに安全弁が2個設けられている場合は、1個の安全弁を最高使用圧力以下で作動するように調整、他の安全弁を最高使用圧力の3%増し以下で作動するよう調整。
- □ 最高使用圧力の異なるボイラーが連絡している場合、各ボイラーの安全弁は、最高使用圧力の最も低いボイラーを基準に調整。
- □ エコノマイザの安全弁はボイラー本体の安全弁より後に作動するように、ボイラー本体の安全弁よりも高い圧力に調整。
- □ 蒸気漏れを止めるために調整ボルトを締めつけるのは、絶対にしてはならない。
- □ グランドパッキンシール方式：水滴が滴下する水漏れがある。
- □ メカニカルシール方式：運転中に水漏れがない。

重要度：🔥🔥

No. 19 /33 ボイラーの保全

ボイラーの保全では、ボイラー水の排出、酸洗浄、ボイラー休止中の保存法、ボイラー清掃の目的、ボイラー内部に入る場合の注意事項などについて学習する。ボイラー内部の作業には、炉内爆発、やけど、酸欠などの危険が潜んでいるので注意が必要だ。

Step1 図解 目に焼き付けろ！

酸洗浄の処理工程

前処理 → 水洗 → 酸洗浄 → 水洗 → 中和防錆処理

ボイラーの内面・外面と接触流体、付着物

面の位置	接触流体	付着物
ボイラー内面	ボイラー水	スラッジ、スケール
ボイラー外面	燃焼ガス	灰、すす

面の位置と接触流体の関係は、要するに、やかんを火にかけるがごとし。内面は水、外面は火だ！

Step2 解説 爆裂に読み込め！

水の排出、酸洗浄、保存法の手順を理解しろ!

ボイラー水の排出

ボイラーの運転を停止し、ボイラー水を全部排出する場合の措置の手順は次のとおりである。

- 運転停止のときは、ボイラーの水位を常用水位に保つように給水を続け、蒸気の送り出し量を徐々に減少させる。
- 運転停止のときは、燃料の供給を停止してポストパージが完了し、ファンを停止した後、自然通風の場合はダンパを半開とし、たき口及び空気口を開いて炉内を冷却する。
- 運転停止後は、ボイラーの蒸気圧力がないことを確かめた後、給水弁及び蒸気弁を閉じる。
- 給水弁及び蒸気弁を閉じた後は、ボイラー内部が負圧（大気圧より低い圧力）にならないように空気抜弁を開いて空気を送り込む。
- ボイラー水の排出は、ボイラー水がフラッシュ（再蒸発）しないように、ボイラー水の温度が90℃以下になってから、吹出し弁を開いて行う。

自然通風による換気のときのダンパは、全開ではなく半開きだ！

酸洗浄

酸洗浄とは、薬液に酸を用いて洗浄し、ボイラー内のスケール（析出付着物）を溶解除去することだ。酸洗浄の手順は次のとおりである。

- 薬液によるボイラーの腐食を防止するため抑制剤（インヒビタ）を添加する
- 処理工程は、①前処理、②水洗、③酸洗浄、④水洗、⑤中和防錆（せい）処理の順に行う。
- シリカ分の多い硬質スケールのときは、所要の薬液で前処理を行い膨潤（湿らせて柔らかくすること）させる。
- 塩酸を用いる酸洗浄作業中は水素が発生するので、水素爆発を防止するために、ボイラー周辺を火気厳禁とする。

酸洗浄に使用されるのは塩酸、後述する水質管理の軟化装置に使用されるのは食塩。よく問われるので間違えないように!

ボイラー休止中の保存法

ボイラーの休止中の保存法には、ボイラーの胴を満水状態にして保存する満水保存法と、乾燥状態で保存する乾燥保存法がある。ボイラー休止中の保存法については次のとおりである。

- 満水保存法は、凍結のおそれがある場合には採用することができない。
- 満水保存法では、月に1～2回、pH（水素イオン指数）、鉄分及び薬剤の濃度を測定する。
- 満水保存法は、休止期間が３か月程度以内の比較的短期間の場合に採用される。
- 乾燥保存法は、水を全部排出して内外面を清掃した後、少量の燃料を燃焼させ完全に乾燥する。
- 乾燥保存法では、吸湿剤としてシリカゲルや活性アルミナが用いられる。
- 満水保存法、乾燥保存法とも、燃焼側及び煙道は、すすや灰を完全に除去して防錆油（せいゆ）または防錆（せい）剤などを塗布する。

ボイラー休止中の保存法は、胴や水管などの水側を満水状態とするか、乾燥状態とするかで、大別されている。一方、炉や煙管などの火側のほうには、水を入れることはない。

ボイラー清掃の目的

ボイラーの水側の清掃を内面清掃、火側の清掃を外面清掃という。ボイラーの内面は、ボイラー水に接しているので、使用に伴いスラッジやスケールが付着する。ボイラーの外面は、燃焼ガスに接しているので、使用に伴い灰やすすが付着する。

これらの付着物は伝熱を大きく阻害するので、定期的に清掃を行う必要がある。

水が接する内面には、スラッジ、スケール、火が接する外面には、すすが付着するぞ！

ボイラー内部に入る場合の注意事項

清掃や点検のためボイラー内部に入るときの注意事項は次のとおりである。

- マンホールのふたを外すときは、内部に圧力が残っていないことを確認する。
- 胴の内部に空気が流通するように穴や管台部分を開放し、または仮設ファンを使用して換気する。
- 他のボイラーと連結している配管に設けられた弁は、フランジ継手部で遮断板により遮断する。
- ボイラー内に作業者が入る場合は、必ず外部に監視者を配置する。
- 電灯は安全ガード付き、移動用電線は絶縁被覆に損傷がないキャブタイヤケーブルを使用する。キャブタイヤケーブルとは、移動電線（通電したまま移動するための電線）用のキャブタイヤシースと呼ばれる丈夫な外装材を持ったケーブルである。

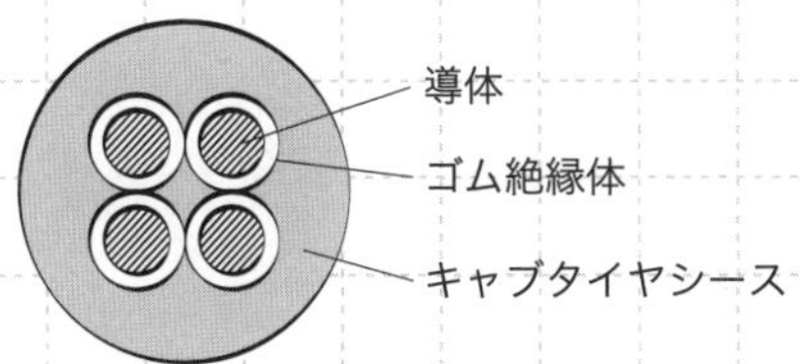

図19-1：キャブタイヤケーブル

移動用電線には、ビニルコードではなく、キャブタイヤケーブルを使用する。

Step 3 暗記 何度も読み返せ！

- □ 運転停止時は、給水を続け、蒸気の送り出し量を徐々に減少させる。
- □ 運転停止時は、自然通風の場合はダンパを半開として炉内を冷却する。
- □ 運転停止後は、蒸気圧力がないことを確認後、給水弁、蒸気弁を閉じる。
- □ ボイラー内部が負圧にならないように空気抜弁を開いて空気を送り込む。
- □ ボイラー水の排出は、90℃以下になってから、吹出し弁を開いて行う。
- □ 薬液によるボイラーの腐食を防止するため抑制剤（インヒビタ）を添加する
- □ 処理工程は、①前処理、②水洗、③酸洗浄、④水洗、⑤中和防錆処理の順に行う。

- □ シリカ分の多い硬質スケールのときは、前処理を行い膨潤させる。
- □ 塩酸を用いる酸洗浄作業中は水素が発生するので、火気厳禁とする。
- □ 満水保存法は、凍結のおそれがある場合には採用することができない。
- □ 満水保存法では、月に1〜2回、pH、鉄分及び薬剤の濃度を測定する。
- □ 乾燥保存法は、水を全部排出して清掃後、少量の燃料を燃焼させ完全に乾燥する。
- □ 乾燥保存法では、吸湿剤としてシリカゲルや活性アルミナが用いられる。
- □ 満水保存法、乾燥保存法とも、燃焼側及び煙道は、すすや灰を完全に除去して防錆油または防錆剤などを塗布する。
- □ 内面清掃の目的は、スラッジ、スケールの除去である。
- □ 外面清掃の目的は、灰、すすの除去である。
- □ マンホールのふたを外すときは、内部に圧力が残っていないことを確認する。
- □ 胴の内部に空気が流通するように開放し、または仮設ファンで換気する。
- □ 他のボイラーと連結している配管の弁は、遮断板により遮断する。
- □ ボイラー内に入る場合は、外部に監視者を配置する。
- □ 電灯は安全ガード付き、移動用電線はキャブタイヤケーブルを使用する。

重要度：🔥🔥

No. 20 /33

水質管理

水質管理では、酸・アルカリ、酸消費量、硬度、ボイラーの内面腐食、単純軟化法、水質処理剤について出題される。特に、単純軟化法と水質処理剤のうちの脱酸素剤がよく出題されているぞ。

Step1 図解 目に焼き付けろ！

pH

硬化装置

この項は、化学物質名が出てきて難しそうに感じる。割り切って暗記してしまおう。

Step2 解説 爆裂に読み込め！

酸性・アルカリ性は腐食、硬度はスケールに関係している。

酸・アルカリ

水（水溶液）が酸性か、アルカリ性かは、水中の水素イオン（H^+）と水酸化物イオン（OH^-）の量により定まる。酸性・アルカリ性は、水素イオン指数pHを用いて表わされ、常温（25℃）でpHが7未満は酸性、7は中性、7を超えるものはアルカリ性である。

pHは、数値が小さいと酸性、数値が大きいとアルカリ性、真ん中は中性だ。

酸消費量

水中に含まれる水酸化物、炭酸塩、炭酸水素塩などのアルカリ成分を示し、炭酸カルシウムに換算して表す。pHを4.8まで中和するのに要する酸消費量と、pHを8.3まで中和するのに要する酸消費量がある。

酸消費量とは、アルカリ性の水溶液を中和するのに要する酸の量だ。だから、酸消費量が示しているものは、酸性ではなくアルカリ性の程度だ。

硬度

硬度には、カルシウム硬度、マグネシウム硬度、全硬度がある。

カルシウム硬度は、水中のカルシウムイオンの量を、これに対応する炭酸カルシウムの量に換算して試料1L中のmg数で表したものである。

マグネシウム硬度は、水中のマグネシウムイオンの量を、これに対応する炭酸カルシウムの量に換算して試料1L中のmg数で表したものである。

全硬度は、水中のカルシウムイオンとマグネシウムイオンの量を、これに対応する炭酸カルシウムの量に換算して試料1L中のmg数で表したものである。

カルシウム硬度も、マグネシウム硬度も、換算しているのは炭酸カルシウムだ。そして、全硬度とはカルシウム硬度とマグネシウム硬度を合わせたものだ！

ボイラーの内面腐食

ボイラーの内面腐食とは、ボイラー水によりボイラーの内面に発生する鋼材の腐食のことだ。

腐食は、一般に電気化学的作用などにより生じ、給水中に含まれている溶存気体の酸素（O_2）、二酸化炭素（CO_2）などが原因となる。

ボイラー水をアルカリ性にすることによって、腐食を抑制する。

ただし、高温のボイラー水中で濃縮した水酸化ナトリウムと鋼材が反応するとアルカリ腐食が生じるので、pHの調整が必要である。

単純軟化法

ボイラー水に硬度成分であるマグネシウムやカルシウムが多いと、スケールとして伝熱面に固着して、伝熱を阻害する。これを防止するために、軟化装置を用いてボイラー水の硬度成分を除去する。

軟化装置は、イオン交換樹脂によりマグネシウム、カルシウムをナトリウムに交換して、ボイラー水を処理している。

イオン交換樹脂が貫流点（硬度成分が貫いて流れてしまう状態点）をこえると、硬度が急増するので、通水をやめて再生処理をする必要がある。再生には食塩（塩化ナトリウム）が使用される。

水質処理剤

軟化剤は、ボイラー水の硬度成分を不溶性の化合物（スラッジ）にする目的で用いられる。生成されたスラッジは吹出しにより排出される。

脱酸素剤とは、鋼材が水中の溶存気体の酸素により腐食するのを防止するために、ボイラー水の酸素を除去するために用いられる。脱酸素剤には、タンニン、亜硫酸ナトリウム、ヒドラジンなどがある。

主な水質処理剤の用途と物質は、次のとおりである。

表20-1：主な水質処理剤の用途と物質

用途	物質
軟化剤	炭酸ナトリウム、りん酸ナトリウム
脱酸素剤	タンニン、亜硫酸ナトリウム、ヒドラジン
酸消費量の調整	水酸化ナトリウム、炭酸ナトリウム
軟化装置の再生	塩化ナトリウム

軟化剤には、炭酸ナトリウム、りん酸ナトリウムが用いられる。
「なんか、たりない」
脱酸素剤には、タンニン、亜硫酸ナトリウム、ヒドラジンが用いられる。
「ダサい　担任が　亜流で　ひどい」

Step 3 暗記 何度も読み返せ！

- □ pHが7未満は酸性、7は中性、7を超えるものはアルカリ性である。
- □ 酸消費量は、水中に含まれるアルカリ成分を示す。
- □ カルシウム硬度、マグネシウム硬度も、換算しているのは炭酸カルシウム。
- □ 給水中の溶存気体の酸素（O_2）、二酸化炭素（CO_2）などが腐食の原因。
- □ ボイラー水をアルカリ性にすることによって、腐食を抑制する。
- □ イオン交換樹脂が貫流点をこえると硬度が急増。通水をやめて再生。
- □ イオン交換樹脂の再生には食塩（塩化ナトリウム）が使用される。
- □ 軟化剤は、硬度成分を不溶性の化合物（スラッジ）にする。
- □ 軟化剤には、炭酸ナトリウム、りん酸ナトリウムが用いられる。
- □ 脱酸素剤には、タンニン、亜硫酸ナトリウム、ヒドラジンが用いられる。

燃えろ！ 演習問題

本章で学んだことを復習だ！　分からない問題は、テキストに戻って確認するんだ！　分からないままで終わらせるなよ！！

01　水面計の機能試験は、2個の水面計に差異がないときに行う。

02　水面計のドレンコックを開くときは、ハンドルを管軸に対し直角方向にする。

03　水柱管とボイラー本体を連結している連絡管の勾配は、ボイラー本体に向かって上り勾配、水柱管に向かって下り勾配とする。

04　ボイラーの水位検出器のフロート式では、1日に1回以上、フロート室のブローを行う。

05　電極式では、1日に1回以上、水の純度の上昇による電気伝導率の低下を防ぐため、検出筒内のブローを行う。

06　立てボイラー（多管式）の安全低水面は、火室天井面から煙管長さの1/3下部である。

07　立てボイラー（横管式）の安全低水面は、火室最高部より75mm上部である。

08　炉筒煙管ボイラーの安全低水面は、炉筒最高部より75mm上部または煙管最高部より100mm上部の高い方である。

09　鋳鉄製ボイラーの水位が安全低水面以下に異常低下したときには、急いで給水する。

10　安全弁の調整・試験では、ボイラーの圧力をゆっくり上昇させて安全弁を作動させ、吹出し圧力及び吹止まり圧力を確認する。

11　安全弁の試験レバーによる手動試験は、最高使用圧力の85％以上の圧力で行う。

12　安全弁が設定圧力になっても作動しない場合は、直ちにボイラーの圧力を設定圧力の80％程度まで下げて、調整ボルトを締めて再度試験をする。

13　ボイラーに安全弁が2個設けられている場合は、1個の安全弁を最高使用圧力以下で作動するように調整し、他の安全弁を最高使用圧力の5％増し以下で作動するよう調整する。

14 最高使用圧力の異なるボイラーが連絡している場合、各ボイラーの安全弁は、最高使用圧力の最も低いボイラーを基準に調整する。

15 エコノマイザの安全弁はボイラー本体の安全弁より後に作動するように、ボイラー本体の安全弁よりも高い圧力に調整する。

16 ボイラー給水ポンプの起動は、吐出し弁を全開、吸込み弁を全閉にした状態で行い、ポンプの回転と水圧が正常になったら吸込み弁を徐々に開き、全開にする。

17 ボイラー給水ポンプの運転を停止するときは、吐出し弁を徐々に閉め、全閉にしてからポンプ駆動用電動機を止める。

18 運転中に、ポンプの軸のシール方式の点検を行い、グランドパッキンシール方式の場合、水滴が滴下する水漏れがあることを確認する。

19 運転中に、ポンプの軸のシール方式の点検を行い、メカニカルシール方式の場合、運転中に水漏れがないことを確認する。

20 ボイラーの運転停止のときは、燃料の供給を停止してポストパージが完了し、ファンを停止した後、自然通風の場合はダンパを全開とし、たき口及び空気口を開いて炉内を冷却する。

21 ボイラーの運転停止のときは、ボイラーの水位を常用水位に保つように給水を続け、蒸気の送り出し量を徐々に減少させる。

22 ボイラーを停止して給水弁及び蒸気弁を閉じた後は、ボイラー内部が正圧（大気圧より高い圧力）にならないように空気抜弁を開いて空気を送り込む。

23 ボイラー水の排出は、ボイラー水がフラッシュ（再蒸発）しないように、ボイラー水の温度が90℃以下になってから、吹出し弁を開いて行う。

24 ボイラー内面清掃は、すすの付着による水管などの腐食を防止する。

25 酸洗浄は、酸によるボイラーの腐食を防止するため抑制剤（インヒビタ）を添加して行う。

26 薬液で酸洗浄した後は、中和防錆処理を行い、水洗する。

27 シリカ分の多い硬質スケールを酸洗浄するときは、所要の薬液で前処理を行い、スケールを乾燥させる。

28 塩酸を用いる酸洗浄作業中は酸素が発生するので、爆発を防止するために、ボイラー周辺を火気厳禁とする。

29 清掃や点検のためボイラー内部に入るときには、胴の内部に空気が流通するように穴や管台部分を開放し、または仮設ファンを使用して換気する。

30 清掃や点検のためボイラー内部に入るときには、他のボイラーと連結している配管に設けられた弁は、フランジ継手部で開放する。

31 電灯は安全ガード付き、移動用電線は絶縁被覆に損傷がないビニルコードを使用する。

32 常温（25℃）でpHが7未満は酸性、7は中性、7を超えるものはアルカリ性である。

33 酸消費量とは、水中に含まれる水酸化物、炭酸塩、炭酸水素塩などのアルカリ成分を示す。

34 酸消費量には、酸消費量（pH4.3）と酸消費量（pH8.4）がある。

35 カルシウム硬度は、水中のカルシウムイオンの量を、これに対応する炭酸カルシウムの量に換算して試料1L中のmg数で表したものである。

36 マグネシウム硬度は、水中のマグネシウムイオンの量を、これに対応する炭酸カルシウムの量に換算して試料1L中のmg数で表したものである。

37 ボイラー水に硬度成分であるマグネシウムやカルシウムが少ないと、スケールとして伝熱面に固着して、伝熱を阻害する。

38 ボイラーの内面腐食とは、ボイラー水によりボイラーの内面に発生する鋼材の腐食のことで、ボイラー水を酸性にすることによって、腐食を抑制する。

39 給水中に含まれる溶存気体のO_2 やCO_2 は、鋼材の腐食の原因となる。

40 アルカリ腐食は、低温のボイラー水中で濃縮した水酸化ナトリウムと鋼材が反応して生じる。

41 軟化装置は、イオン交換樹脂によりマグネシウム、カルシウムをナトリウムに交換して、ボイラー水を処理している。

42 軟化装置は、水中のカルシウムやマグネシウムを除去することはできない。

43 イオン交換樹脂が貫流点をこえると、硬度が急増するので、通水をやめて再生処理をする必要がある。

44 イオン交換樹脂の再生には塩酸が使用される。

45 ボイラー水の酸素を除去するために用いられる脱酸素剤には、タンニン、亜硫酸ナトリウム、ヒドラジンなどが用いられる。

46 軟化剤は、ボイラー水中の硬度成分を不溶性の化合物（スケール）に変えるための薬剤である。
47 軟化剤には、炭酸ナトリウム、りん酸ナトリウムなどがある。
48 乾燥保存法は、休止期間が3か月程度以内の比較的短期間の場合に採用される。
49 満水保存法は、凍結のおそれがある場合には採用できない。
50 乾燥保存法では、吸湿剤としてシリカゲルや食塩が用いられる。

解答・解説

01 × →テーマ18
水面計の機能試験は、2個の水面計に差異があるときに行う。
02 ○ →テーマ18
03 × →テーマ18
水柱管とボイラー本体を連結している連絡管の勾配は、ボイラー本体に向かって下り勾配、水柱管に向かって上り勾配とする。
04 ○ →テーマ18
05 ○ →テーマ18
06 × →テーマ18
立てボイラー（多管式）の安全低水面は、火室天井面から煙管長さの1/3上部である。
07 ○ →テーマ18
08 × →テーマ18
炉筒煙管ボイラーの安全低水面は、炉筒最高部より100mm上部または煙管最高部より75mm上部の高い方である。
09 × →テーマ18
水位が安全低水面以下に異常低下したとき、鋳鉄製ボイラーには絶対に給水してはならない。
10 ○ →テーマ18
11 × →テーマ18
安全弁の試験レバーによる手動試験は、最高使用圧力の75%以上の圧力で行う。
12 × →テーマ18

安全弁が設定圧力になっても作動しない場合は、直ちにボイラーの圧力を設定圧力の80%程度まで下げて、調整ボルトを緩めて再度試験をする。

13 × →テーマ18

ボイラーに安全弁が2個設けられている場合は、1個の安全弁を最高使用圧力以下で作動するように調整し、他の安全弁を最高使用圧力の3%増し以下で作動するよう調整する。

14 ○ →テーマ18

15 ○ →テーマ18

16 × →テーマ18

ボイラー給水ポンプの起動は、吐出し弁を全閉、吸込み弁を全開にした状態で行い、ポンプの回転と水圧が正常になったら吐出し弁を徐々に開き、全開にする。

17 ○ →テーマ18

18 ○ →テーマ18

19 ○ →テーマ18

20 × →テーマ19

ボイラー運転停止のときは、燃料の供給を停止してポストパージが完了し、ファンを停止した後、自然通風の場合はダンパを半開とし、たき口及び空気口を開いて炉内を冷却する。

21 ○ →テーマ19

22 × →テーマ19

ボイラーを停止して給水弁及び蒸気弁を閉じた後は、ボイラー内部が負圧（大気圧より低い圧力）にならないように空気抜弁を開いて空気を送り込む。

23 ○ →テーマ19

24 × →テーマ19

ボイラー内面清掃は、スケールの付着による水管などの腐食を防止する。

25 ○ →テーマ19

26 × →テーマ19

酸洗浄の後は、水洗したあと、中和防錆処理を行う。

27 × →テーマ19　シリカ分の多い硬質スケールを酸洗浄するときは、所要の薬液で前処理を行い、スケールを膨潤させる。

28　×　→テーマ19
塩酸を用いる酸洗浄作業中は水素が発生するので、爆発を防止するために、ボイラー周辺を火気厳禁とする。

29　○　→テーマ19

30　×　→テーマ19
清掃や点検のためボイラー内部に入るときには、他のボイラーと連結している配管に設けられた弁は、フランジ継手部で遮断板により遮断する。

31　×　→テーマ19
電灯は安全ガード付き、移動用電線は絶縁被覆に損傷がないキャブタイヤケーブルを使用する。

32　○　→テーマ20

33　○　→テーマ20

34　×　→テーマ20
酸消費量には、酸消費量（pH4.8）と酸消費量（pH8.3）がある。

35　○　→テーマ20

36　○　→テーマ20

37　×　→テーマ20
ボイラー水に硬度成分であるマグネシウムやカルシウムが多いと、スケールとして伝熱面に固着して、伝熱を阻害する。

38　×　→テーマ20
ボイラーの内面腐食は、ボイラー水をアルカリ性にすることによって、腐食を抑制する。

39　○　→テーマ20

40　×　→テーマ20
アルカリ腐食は、高温のボイラー水中で濃縮した水酸化ナトリウムと鋼材が反応して生じる。

41　○　→テーマ20

42　×　→テーマ20
軟化装置は、水中のカルシウムやマグネシウムを除去することができる。

43　○　→テーマ20

44　×　→テーマ20
イオン交換樹脂の再生には食塩（塩化ナトリウム）が使用される。

45 ○ →テーマ20

46 × →テーマ20

軟化剤は、ボイラー水中の硬度成分を不溶性の化合物（スラッジ）に変えるための薬剤である。

47 ○ →テーマ20

48 × →テーマ19

満水保存法は、休止期間が3か月程度以内の比較的短期間の場合に採用される。

49 ○ →テーマ19

50 × →テーマ19　乾燥保存法では、吸湿剤としてシリカゲルや活性アルミナが用いられる。

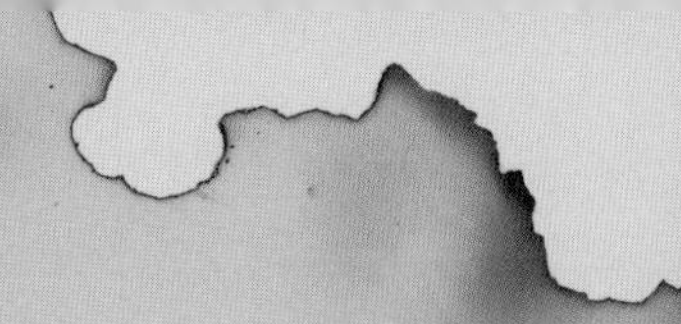

第3科目

燃料及び燃焼

ここでは、試験科目の3つめ「燃料及び燃焼に関する知識」について学習するぞ！

試験科目	範囲
ボイラーの構造に関する知識	熱及び蒸気、種類及び型式、主要部分の構造、材料、据付け、附属設備及び附属品の構造、自動制御装置
ボイラーの取扱いに関する知識	点火、使用中の留意事項、埋火、附属装置及び附属品の取扱い、ボイラー用水及びその処理、吹出し、損傷及びその防止方法、清浄作業、点検
燃料及び燃焼に関する知識	燃料の種類、燃焼理論、燃焼方式及び燃焼装置、通風及び通風装置
関係法令	労働安全衛生法、労働安全衛生法施行令及び労働安全衛生規則中の関係条項、ボイラー及び圧力容器安全規則、ボイラー構造規格中の附属設備及び附属品に関する条項

第5章

燃料

アクセスキー　x
（小文字のエックス）

重要度：🔥

No. 21 /33 燃料の基礎知識

燃料の基礎では、燃料の分析法、燃料の燃焼、発熱量が出題される。元素分析と成分分析、着火温度と引火温度、高発熱量と低発熱量など、紛らわしい言葉の定義が問われる問題が出ているぞ。惑わされないようにしよう。

Step1 図解 目に焼き付けろ！

着火

引火

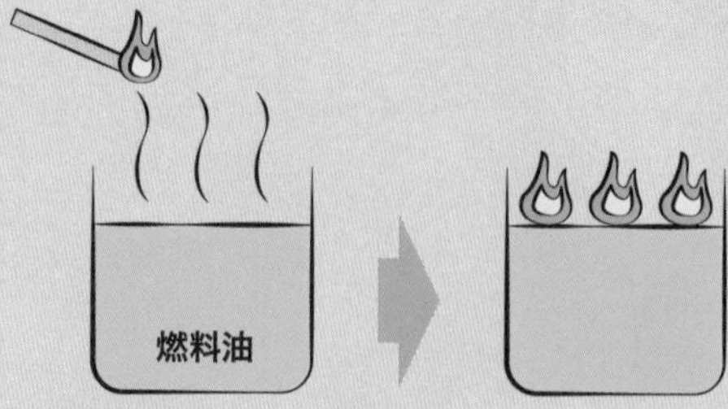

点火しないで自然に燃え始めるのは着火（発火）、火炎を近づけて点火すると燃え始めるのは引火だ。

Step2 解説 爆裂に読み込め！

燃焼とは、光と熱を伴う急激な酸化だ！

燃料の分析法

燃料の分析法には、元素分析、成分分析、工業分析の分析法があり、それぞれ次のとおりだ。

表21-1：燃料の分析法

元素分析	液体、固体燃料の組成を示す。炭素、水素、窒素及び硫黄を測定し、残りを酸素とみなしたもので、質量（%）で表す。
成分分析	気体燃料のメタン、エタン等の含有成分を測定して分析したもので、体積（%）で表す。
工業分析	固体燃料を気乾試料とみなし、水分、灰分及び揮発分を測定し、残りを固定炭素として質量（%）で表す。

具体的には、液体燃料は重油などの石油、固体燃料は石炭、気体燃料はメタンやプロパンなどのガスだ。気乾とは、大気の湿度と平衡した（つりあった）状態をいう。

燃料の燃焼

燃焼とは、光と熱の発生を伴う急激な酸化反応である。燃焼には、燃料、空気（酸素）及び熱・温度（点火源）の3つの要素が必要だ。

燃焼に大切なのは、着火性と燃焼速度である。ボイラーでの燃焼を継続させるためには、燃焼室の温度が燃料の着火温度以上に維持されていなければならないのだ。

着火温度（発火温度）とは、燃料を空気中で加熱すると温度が徐々に上昇し、

第5章 燃料

他から点火しないで自然に燃え始める最低の温度をいう。着火温度は燃料の周囲の条件によって変わるのだ。

液体燃料を加熱すると蒸気が発生し、これに小火炎を近づけると瞬間的に光を放って燃え始める最低の温度を、引火点という。

点火しないで自然に燃え始める温度は着火温度、火炎を近づけて点火すると燃え始めるのは引火点だ。

発熱量

発熱量とは、燃料を完全燃焼させたときに発生する熱量である。発熱量には高発熱量と低発熱量がある。

高発熱量とは、水蒸気の潜熱を含んだ発熱量で、総発熱量ともいう。低発熱量とは、水蒸気の潜熱を含まない発熱量で、真発熱量ともいう。したがって、高発熱量と低発熱量との差は、燃料に含まれる水分による。また、ボイラー効率の算定に当たっては、一般に低発熱量が用いられる。

高発熱量 （総発熱量）	＝	低発熱量 （真発熱量）	＋	水蒸気の潜熱

図21-1：高発熱量と低発熱量

燃料に含まれる水分は、燃料が燃焼すると蒸発して周囲から熱を奪う。その分を差し引いた発熱量が低発熱量だ。

発熱量の単位は、液体・固体燃料は〔MJ/kg〕、気体燃料は〔MJ/m^3N〕で表す。

気体燃料の発熱量の単位に用いられる「m^3N」とは、「ノルマル立方メートル」といい、標準状態（0℃1気圧）の体積「m^3」を表す。燃料の発熱量は、液体・固体は質量当たりの熱量、気体は体積当たりの熱量で表す。

Step3 暗記 何度も読み返せ！

- □ 元素分析：液体、固体燃料。炭素、水素、窒素、硫黄、酸素。
- □ 成分分析：気体燃料。
- □ 工業分析：固体燃料。水分、灰分、揮発分、固定炭素。
- □ 燃焼とは、光と熱の発生を伴う急激な酸化反応。
- □ 燃焼には、燃料、空気（酸素）及び熱・温度（点火源）の三要素が必要。
- □ ボイラーの燃焼継続：燃焼室温度が着火温度以上に維持。
- □ 着火温度（発火温度）：点火しないで自然に燃え始める最低の温度
- □ 着火温度は、周囲の条件によって変わる。
- □ 引火点：小火炎を近づけると瞬間的に光を放って燃え始める最低の温度。
- □ 発熱量：燃料を完全燃焼させたときに発生する熱量。
- □ 高発熱量：水蒸気の潜熱を含んだ発熱量。総発熱量。
- □ 低発熱量：水蒸気の潜熱を含まない発熱量。真発熱量。
- □ ボイラー効率の算定は、低発熱量が用いられる。
- □ 発熱量の単位：液体または固体燃料は〔MJ/kg〕、気体燃料は〔MJ/m^3N〕。

第5章 燃料

重要度：🔥🔥

No. 22 /33

重油

重油に関することは、重油の性質、石炭に対する重油の特徴、重油の主成分・不純物の影響、伝熱面の低温腐食を抑制する措置、重油の加熱について、出題されている。まずは、高温腐食と低温腐食について理解しておこう。

Step1 図解 目に焼き付けろ!

高温腐食

伝熱面に灰が付着 → 灰のバナジウムが高温で溶ける → 伝熱面が腐食

低温腐食

燃焼ガスが伝熱面で冷却 → 燃焼ガスの硫酸蒸気が凝縮 → 伝熱面が腐食

高温でも低温でも腐食する。人間の体温も適温というものがあるのと同じで、ボイラーにも適温というものがあるのだ。

Step2 解説 爆裂に読み込め！

重油は、温度に関することがよく問われる！

重油の性質

重油の性質を表すものに、比熱、密度、発熱量、流動点などがある。

重油の比熱は、温度及び密度によって変わる。

重油の密度は、温度が上昇すると減少し、温度が低下すると増加する。また、密度の小さい重油は、一般に引火点と流動点が低くなる。

流動点とは、凝固せずに流体としての性質を保つことができる最低の温度である。なお、凝固点とは、凝固してしまう最高の温度をいう。

重油は、日本産業規格（JIS）により、A重油、B重油、C重油に分類され、それぞれの性質（密度、単位質量当たりの発熱量、流動点）の比較は次のとおりである。なお、密度とは、1m^{3}の物質が何kgになるかで表される。

表22-1：重油の性質

重油の種類	密度	単位質量当たりの発熱量	流動点
A重油	小	大	低い
B重油	中	中	中
C重油	大	小	高い

引火点が低いということは、低い温度でも引火することを示している。流動点が低いほど、低温でも固まらずに液体として使用可能であることを示しているんだ！

石炭に対する重油の特徴

固体燃料である石炭に対する液体燃料である重油の特徴は、次のとおりである。

- 発熱量が大きい。
- 燃焼温度が高い。
- 少ない過剰空気で、完全燃焼させることができる。
- ボイラーの負荷変動に対して、応答性が優れている。
- 急着火、急停止の操作が容易である。
- すす、ダストの発生が少ない。

過剰空気とは、完全燃焼させるのに必要な理論上の空気量に対して、完全燃焼させるために実際に必要になる過剰な空気をいう。過剰空気は少ないほうが有利だ。過剰空気は、熱の損失になるし、余計な送風動力も必要だからだ。

応答性とは、火力の調整のしやすさだ。石炭よりも重油のほうが、火加減が調整しやすい。

重油は石炭に比べて発熱量が大きく、燃焼温度が高い。これは物を加熱するというボイラーの基本機能からすると有利に働くが、一方、ボイラーの局部過熱及び炉壁の損傷を起こしやすいという短所がある。

重油の主成分、不純物の影響

重油の主成分は炭素と水素の化合物である炭化水素である。重油には、その他、金属であるバナジウムや水分、灰分、スラッジなどの不純物が含まれている。重油の主成分、不純物のボイラーや燃焼に対する影響は次のとおりである。

- 残留炭素分が多いほど、ばいじん量は増加する。
- バナジウムは、ボイラーの伝熱面に付着し腐食させる。

- 水分が多いと、熱損失を招く。
- 水分が多いと、いきづき燃焼を起こす。
- 灰分は、ボイラーの伝熱面に付着し伝熱を阻害する。
- スラッジは、弁、ろ過器、バーナチップなどを閉そくさせる。
- スラッジは、ポンプ、流量計、バーナチップなどを摩耗させる。

重油中の残留炭素分が多いほど、灰分が増加し、ばいじん量が増加する。残留炭素とは、重油を燃焼した後に残る炭化物をいう。ばいじんとは、煙に含まれるすすなどの微粒子をいう。

いきづき燃焼とは、炎が大きくなったり小さくなったりする不安定な燃焼をいう。ボイラーの運転音が、息継ぎしているように聞こえるので、いきつぎ燃焼という。

灰分はボイラーの伝熱面に付着し、伝熱を阻害する。さらに、灰分に含まれるバナジウムが熱で溶けると激しく腐食させる。これをバナジウムアタック（高温腐食）という。思わず叫びたくなる、必殺技のような名だ「バナジウムアターック！」

伝熱面の低温腐食を抑制する措置

エコノマイザなどの伝熱面で燃焼ガス（排ガス）が冷やされると、燃焼ガス中の水蒸気が凝縮（液化）して水になり、この水に燃焼ガス中の硫黄が溶け込み硫酸となって伝熱面を腐食させる。この腐食を低温腐食という。

伝熱面の低温腐食を抑制する措置は次のとおりである。

- 硫黄分の少ない重油を選択する。
- 重油に添加剤を使用し、燃焼ガスの露点を下げる。
- 燃焼ガスの酸素濃度を下げる。
- 給水温度を上昇させて、エコノマイザの伝熱面の温度を高く保つ。
- 蒸気式空気予熱器を用いて、ガス式空気予熱器の伝熱面の温度が低くなり過ぎないようにする。

- 燃焼室及び煙道への空気漏入を防止し、煙道ガスの温度の低下を防ぐ。

低温腐食は、その名のとおり、低温になると発生する。だから、抑制する措置は、低温にしないことだ。腐食は酸化現象だから、燃焼ガスの酸素濃度を下げることが腐食抑制につながる。

燃焼ガスの露点とは、燃焼ガス中の水蒸気が凝縮する温度だ。伝熱面の温度が露点よりも低いと、水蒸気が冷やされて水になり、この水に燃焼ガス中の硫黄酸化物が溶けて硫酸となって伝熱面を腐食させる。これが低温腐食だ。

要するに、伝熱面の温度を上げ、添加剤により燃焼ガスの露点を下げることが、低温腐食の抑制措置となる。低温腐食の抑制措置は露点を下げる！ここは間違いやすい！

蒸気式空気予熱器は、ボイラーからの蒸気で燃焼用空気を加熱する。ガス式空気予熱器は、煙道ガスで燃焼用空気を加熱する。

要するに、蒸気式を用いて、ガス式を用いないようにして、煙道ガスの温度を低くし過ぎないようにすることが、低温腐食の抑制になるということだ。

➔ 重油の加熱

流動性の悪いドロドロした粘度の高い重油は、バーナー（燃焼器）で噴霧しやすくするために、適切な粘度に下げる目的で加熱する。

B重油とC重油は加熱して使用され、加熱温度は、C重油は80～105℃、B重油は50～60℃が一般的である。

重油に限らず、油は加熱すると、ドロドロからサラサラになるよ。

ただし、重油の加熱温度が高すぎると、次の不具合の原因となる。

- 加熱温度が高すぎると、炭化物生成の原因となる。
- 加熱温度が高すぎると、バーナ管内で油が気化し、ベーパロックを起こす。
- 加熱温度が高すぎると、噴霧状態にむらができ、いきづき燃焼となる。

炭化物が生成されると、スラッジとなり、弁、ろ過器、バーナチップなどを閉そくさせ、ポンプ、流量計、バーナチップなどを摩耗させる。ベーパロックとは、バーナ管内で液体燃料が気化し、燃料の流れを阻害する現象で、燃料の加熱温度が高すぎる場合に生じる。

ベーパロックも、思わす叫びたくなるな。必殺技のような名だ「ベーパーローック！」

Step 3 暗記 何度も読み返せ！

重油の性質

- □ 重油の比熱は、温度及び密度によって変わる。
- □ 重油の密度は、温度が上昇すると減少する。
- □ 密度の小さい重油は、一般に引火点と流動点が低くなる。
- □ 流動点とは、凝固せずに流体としての性質を保つことができる最低の温度。
- □ 凝固点とは、凝固してしまう最高の温度をいう。

石炭に対する重油の特徴

- □ 発熱量が大きい、燃焼温度が高い。

☐ 少ない過剰空気で、完全燃焼させることができる。
☐ 応答性が優れている。急着火、急停止の操作が容易である。
☐ すす、ダストの発生が少ない。

重油の主成分、不純物の影響

☐ 残留炭素分が多いほど、ばいじん量は増加する。
☐ バナジウムは、ボイラーの伝熱面に付着し腐食させる。
☐ 水分が多いと、熱損失を招いたり、いきづき燃焼を起こす。
☐ 灰分は、ボイラーの伝熱面に付着し伝熱を阻害する。
☐ スラッジは、バーナチップなどを閉そく、摩耗させる。

伝熱面の低温腐食を抑制する措置

☐ 硫黄分の少ない重油を選択する。
☐ 重油に添加剤を使用し、燃焼ガスの露点を下げる。
☐ 給水温度を上昇させて、エコノマイザの伝熱面の温度を高く保つ。
☐ 蒸気式空気予熱器を用いて、ガス式空気予熱器の伝熱面の温度が低くなり過ぎないようにする。
☐ 燃焼室及び煙道への空気漏入を防止し、煙道ガスの温度の低下を防ぐ。

重油の加熱

☐ 加熱温度が高すぎると、炭化物生成の原因となる。
☐ 加熱温度が高すぎると、ベーパロックを起こす。
☐ 加熱温度が高すぎると、いきづき燃焼となる。

重要度：🔥🔥

No. 23 /33

ガス

ガスとは、燃料ガスのことで、気体の燃料だ。ガスには、都市ガスと液化石油ガスがある。①都市ガスと液化石油ガスの比較、②気体燃料と液体燃料の比較、この2つの比較について、整理して理解しておこう。

Step1 図解 目に焼き付けろ！

炭化水素

炭化水素	化学式	燃料	炭素：水素	炭素に対する水素の比
メタン	CH_4	都市ガス	1：4	4倍
プロパン	C_3H_8	液化石油ガス	3：8	2.7倍
ブタン	C_4H_{10}	液化石油ガス	4：10	2.5倍
オクタン	C_8H_{18}	石油	8：18	2.3倍
アルカン	C_nH_{2n+2}		n：2n+2	−

分子式	名称	構造式
CH_4	メタン	H−C(H)(H)−H
C_2H_6	エタン	H−C(H)(H)−C(H)(H)−H

分子式	名称	構造式
C_3H_8	プロパン	H−C(H)(H)−C(H)(H)−C(H)(H)−H
C_4H_{10}	ブタン	H−C(H)(H)−C(H)(H)−C(H)(H)−C(H)(H)−H

第5章 燃料

Step2 解説 爆裂に読み込め!

配管で供給されるのは都市ガス、容器で輸送されるのは液化石油ガスだ。

都市ガス

都市ガスとは、都市部において、配管で供給される燃料ガスだ。都市ガスは、天然ガス（LNG）が原料で、主成分はメタンだ。そしてメタンは空気より軽い。ガス漏れすると天井にたまりやすい。

また、都市ガスは、重油などの液体燃料に比べて、二酸化炭素（CO_2）、窒素酸化物（NO_X）の排出が少なく、硫黄酸化物（SO_X）を排出しない。

二酸化炭素は地球温暖化物質、窒素酸化物、硫黄酸化物は大気汚染物質なの。これらの物質は、できるだけ排出しないほうがいいわね。

液化石油ガス

液化石油ガス（LPG）は、加圧液化して容器で供給される燃料ガスだ。液化石油ガスは、プロパンやブタンが主成分だ。液化石油ガスは、空気より重く、ガス漏れすると、床にたまりやすい。また、都市ガスに比べて発熱量が大きい。

重油燃料ボイラーの点火用種火の燃料には、都市ガスよりも、発熱量の大きい液化石油ガスが使用される。

気体燃料の特徴

気体燃料、液体燃料の主成分である炭化水素はアルカンと呼ばれ、化学式C_nH_{2n+2}（nは正数）で表される。Step1で記したように、分子の炭素の数が多くなると、成分中の炭素に対する水素の比が低くなる。

アルカンでは、メタン（CH_4）が、成分中の炭素に対する水素の比が最も高いぞ！

石炭などの固体燃料、重油などの液体燃料に対する都市ガスなどの気体燃料の特徴は次のとおりである。

- 成分中の炭素に対する水素の比率が高い。
- 二酸化炭素、窒素酸化物の排出量が少なく、硫黄酸化物は排出しない。
- 硫黄、灰分の含有量が少なく、伝熱面、火炉壁を汚染しない。
- 微粒化（燃料を燃焼しやすくするために細かい粒にすること）や蒸発のプロセスが不要である。
- 燃料加熱、霧化媒体の高圧空気または蒸気が不要である。
- 空気との混合状態の設定により、火炎の調節が容易である。
- 安定な燃焼が得られ、点火、消火が容易で自動化しやすい。
- 火炎は、放射伝熱量が少なく、対流伝熱量（接触伝熱量）が多い。

気体燃料は液体燃料に対して、メリットばかりではなく、デメリットもある。ガス配管は油配管に比べて、口径が太く、配管費、制御機器費などの設備費用が高くなるんだ。

Step 3 暗記

何度も読み返せ!

都市ガス

- □ 天然ガスが原料で、主成分はメタン。
- □ 空気より軽い。
- □ 液体燃料に比べて、二酸化炭素、窒素酸化物の排出が少なく、硫黄酸化物を排出しない。

液化石油ガス

- □ プロパンやブタンが主成分。
- □ 空気より重い。
- □ 都市ガスに比べて発熱量が大きい。
- □ 重油燃料ボイラーの点火用種火に使用される。

液体燃料に対する気体燃料の特徴

- □ 成分中の炭素に対する水素の比率が高い。
- □ 二酸化炭素、窒素酸化物の排出量が少なく、硫黄酸化物は排出しない。
- □ 硫黄、灰分の含有量が少なく、伝熱面、火炉壁を汚染しない。
- □ 微粒化や蒸発のプロセスが不要。
- □ 燃料加熱、霧化媒体の高圧空気または蒸気が不要。
- □ 空気との混合状態の設定により、火炎の調節が容易。
- □ 安定な燃焼が得られ、点火、消火が容易で自動化しやすい。
- □ 火炎は、放射伝熱量が少なく、対流伝熱量（接触伝熱量）が多い。

重要度：

No. 24 /33

石炭

石炭とは、太古の植物が地中に埋もれて化石化したものである。植物の化石のうち、燃料になるようなものが石炭だ。一方、焼き鳥屋の炭火焼の炭は木炭だ。木炭は木を蒸し焼きにして作るが、石炭は地下から掘り出す。

Step1 図解 目に焼き付けろ!

石炭の種類と石炭化度

石炭化の進み具合

褐炭 → 歴青炭 → 無煙炭

石炭の成分（工業分析）

石炭 ＝ 固定炭素 ＋ 揮発分 ＋ 水分 ＋ 灰分

石炭の成分（元素分析）

石炭 ＝ 炭素 ＋ 水素 ＋ 酸素 ＋ その他

$$燃料比 = \frac{固定炭素}{揮発分}$$

石炭の成分分析には、性質の違いから分析する工業分析と、元素の違いから分析する元素分析がある。固定炭素とは、揮発分、水分、灰分を除いた残りの炭素として固定されたものだ。そして、燃料比とは、揮発分に対する固定炭素の比をいう。

Step2 解説

爆裂に読み込め！

石炭は固体なので、固体燃料の一種だ！

石炭の種類

石炭は、石炭化度（炭化度ともいう）の進み具合により、褐炭、歴青炭、無煙炭に分類される。石炭化とは、炭素以外の水素や酸素の成分が減少して、炭素だけが残存していくことをいう。石炭化度とは、石炭化の度合いである。石炭化度は、褐炭、歴青炭、無煙炭の順に大きくなる。

褐炭は、表面が褐色でまだ木の名残があるような石炭、
歴青炭は、歴青（タール）を含む柔らかい石炭、
無煙炭は、石炭化度が進んで炭素の含有率が高く、燃焼時の煙が少ない石炭だ。

石炭の成分と石炭化度の関係

石炭の成分と石炭化度との関係は次のとおりである。

- 固定炭素は、炭化度の進んだものほど多い。
- 揮発分は、炭化度の進んだものほど少ない。
- 燃料比は、炭化度の進んだものほど大きい。
- 発熱量は、炭化度の進んだものほど大きい。
- 発熱量は、灰分が多いほど小さい。
- 水分は、褐炭で5～15％、歴青炭、無煙炭で1～5％である。

要するに、石炭化の進行したものほど、固定炭素が多く、揮発分が少なく、燃料比が大きくなり、単位質量当たりの発熱量が大きくなる。また、灰分は燃焼に寄与しないので、灰分が多いほど発熱量は減少するんだ！

Step3 暗記 何度も読み返せ！

- □ 石炭化度は、褐炭、歴青炭、無煙炭の順に大きくなる。
- □ 固定炭素は、炭化度の進んだものほど多い。
- □ 揮発分は、炭化度の進んだものほど少ない。
- □ 燃料比は、炭化度の進んだものほど大きい。
- □ 発熱量は、炭化度の進んだものほど大きい。
- □ 発熱量は、灰分が多いほど小さい。
- □ 水分は、褐炭で5～15%、歴青炭、無煙炭で1～5%である。

燃えろ! 演習問題

本章で学んだことを復習だ！　分からない問題は、テキストに戻って確認するんだ！　分からないままで終わらせるなよ！！

- 01 元素分析とは、液体、気体燃料の組成を示す。炭素、水素、窒素及び硫黄を測定し、残りを酸素とみなしたもので、質量（%）で表す。
- 02 成分分析とは、気体燃料のメタン、エタン等の含有成分を測定して分析したもので、質量（%）で表す。
- 03 工業分析とは、固体燃料を気乾試料とみなし、水分、灰分及び揮発分を測定し、残りを固定炭素として質量（%）で表す。
- 04 着火温度（発火温度）とは、燃料を空気中で加熱すると温度が徐々に上昇し、他から点火しないで自然に燃え始める最低の温度をいう。
- 05 液体燃料を加熱すると蒸気が発生し、これに小火炎を近づけると瞬間的に光を放って燃え始める最高の温度を、引火点という。
- 06 ボイラーでの燃焼を継続させるためには、燃焼室の温度が燃料の引火点以上に維持されていなければならない。
- 07 高発熱量とは、水蒸気の顕熱を含んだ発熱量で、総発熱量ともいう。
- 08 低発熱量とは、水蒸気の潜熱を含まない発熱量で、偽発熱量ともいう。
- 09 発熱量の単位は、液体・固体燃料は〔MJ/kg〕、気体燃料は〔MJ/m^3N〕で表す。
- 10 重油の比熱は、温度及び密度によらず一定である。
- 11 重油の密度は、温度が上昇すると減少し、温度が低下すると増加する。
- 12 密度の大きい重油は、一般に引火点と流動点が低くなる。
- 13 流動点とは、凝固せずに流体としての性質を保つことができる最高の温度である。
- 14 A重油はC重油よりも密度が小さい。
- 15 重油は石炭に対して、発熱量が小さい。
- 16 重油は石炭に対して、燃焼温度が低い。
- 17 重油は石炭に対して、少ない過剰空気で、完全燃焼させることができる。
- 18 重油は石炭に対して、ボイラーの負荷変動に対して、応答性が優れている。
- 19 重油は石炭に対して、急着火、急停止の操作が容易である。

20　重油は石炭に対して、すす、ダストの発生が多い。
21　重油の残留炭素分が多いほど、ばいじん量は増加する。
22　重油の水分が多いと、熱損失を招く。
23　重油の水分が少ないと、いきづき燃焼を起こす。
24　低温腐食防止のため、硫黄分の少ない重油を選択する。
25　低温腐食防止のため、重油に添加剤を使用し、燃焼ガスの露点を上げる。
26　低温腐食防止のため、燃焼ガスの酸素濃度を上げる。
27　低温腐食防止のため、給水温度を上昇させて、エコノマイザの伝熱面の温度を高く保つ。
28　重油の加熱温度が高すぎると、炭化物生成の原因となる。
29　重油の加熱温度が高すぎると、バーナ管内で油が気化し、ベーパロックを起こす。
30　重油の加熱温度が低すぎると、噴霧状態にむらができ、いきづき燃焼となる。
31　重油の加熱温度が低すぎると、流動性が悪くなる。
32　気体燃料、液体燃料の主成分である炭化水素は、分子の炭素の数が多くなると、成分中の炭素に対する水素の比が低くなる。
33　都市ガスは、天然ガス（LNG）が原料である。
34　都市ガスの主成分はメタンで、空気より軽い。
35　液化石油ガスは、プロパンやブタンが主成分で、空気より軽い。
36　都市ガスよりも、液化石油ガスのほうが、発熱量が大きい。
37　気体燃料は液体燃料・固体燃料に比べて、二酸化炭素、窒素酸化物の排出量が少なく、硫黄酸化物は排出しない。
38　気体燃料は液体燃料・固体燃料に比べて、灰分の含有量が少なく、伝熱面を汚染しない。
39　気体燃料は、微粒化や蒸発のプロセスが不要である。
40　気体燃料は、燃料加熱が必要である。
41　気体燃料は液体燃料・固体燃料に比べて、空気との混合状態の設定による、火炎の調節が困難である。
42　気体燃料は液体燃料・固体燃料に比べて、安定な燃焼が得られ、点火、消火が容易で自動化しやすい。

43 気体燃料は液体燃料・固体燃料に比べて、火炎は、放射伝熱量が多く、対流伝熱量（接触伝熱量）が少ない。

44 石炭の石炭化度は、褐炭、歴青炭、無煙炭の順に小さくなる。

45 石炭の固定炭素とは、揮発分、水分、灰分を除いた残りの炭素として固定されたものである。

46 石炭の燃料比とは、揮発分に対する固定炭素の比をいう。

47 石炭の固定炭素は、炭化度の進んだものほど多い。

48 石炭の揮発分は、炭化度の進んだものほど多い。

49 石炭の燃料比は、炭化度の進んだものほど多い。

50 石炭の発熱量は、炭化度の進んだものほど大きい。

解答・解説

01 × →テーマ21

元素分析とは、液体、固体燃料の組成を示す。炭素、水素、窒素及び硫黄を測定し、残りを酸素とみなしたもので、質量（%）で表す。

02 × →テーマ21

成分分析とは、気体燃料のメタン、エタン等の含有成分を測定して分析したもので、体積（%）で表す。

03 ○ →テーマ21

04 ○ →テーマ21

05 × →テーマ21

液体燃料を加熱すると蒸気が発生し、これに小火炎を近づけると瞬間的に光を放って燃え始める最低の温度を、引火点という。

06 × →テーマ21

ボイラーでの燃焼を継続させるためには、燃焼室の温度が燃料の着火温度以上に維持されていなければならない。

07 × →テーマ21

高発熱量とは、水蒸気の潜熱を含んだ発熱量で、総発熱量ともいう。

08 × →テーマ21

低発熱量とは、水蒸気の潜熱を含まない発熱量で、真発熱量ともいう

09 ○ →テーマ21

10 × →テーマ22

重油の比熱は、温度及び密度によって変わる。

11 ○ →テーマ22

12 × →テーマ22

密度の小さい重油は、一般に引火点と流動点が低くなる。

13 × →テーマ22

流動点とは、凝固せずに流体としての性質を保つことができる最低の温度である。

14 ○ →テーマ22

15 × →テーマ22

重油は石炭に対して、発熱量が大きい。

16 × →テーマ22

重油は石炭に対して、燃焼温度が高い。

17 ○ →テーマ22

18 ○ →テーマ22

19 ○ →テーマ22

20 × →テーマ22

重油は石炭に対して、すす、ダストの発生が少ない。

21 ○ →テーマ22

22 ○ →テーマ22

23 × →テーマ22

重油の水分が多いと、いきづき燃焼を起こす。

24 ○ →テーマ22

25 × →テーマ22

低温腐食防止のため、重油に添加剤を使用し、燃焼ガスの露点を下げる。

26 × →テーマ22

低温腐食防止のため、燃焼ガスの酸素濃度を下げる。

27 ○ →テーマ22

28 ○ →テーマ22

29 ○ →テーマ22

30 × →テーマ22

重油の加熱温度が高すぎると、噴霧状態にむらができ、いきづき燃焼となる。

31 ○ →テーマ22
32 ○ →テーマ23
33 ○ →テーマ23
34 ○ →テーマ23
35 × →テーマ23

液化石油ガスは、プロパンやブタンが主成分で、空気より重い。

36 ○ →テーマ23
37 ○ →テーマ23
38 ○ →テーマ23
39 ○ →テーマ23
40 × →テーマ23

気体燃料は、燃料加熱が不要である。

41 × →テーマ23

気体燃料は液体燃料・固体燃料に比べて、空気との混合状態の設定により、火炎の調節が容易である。

42 ○ →テーマ23
43 × →テーマ23

気体燃料は液体燃料・固体燃料に比べて、火炎は、放射伝熱量が少なく、対流伝熱量（接触伝熱量）が多い。

44 × →テーマ24

石炭の石炭化度は、褐炭、歴青炭、無煙炭の順に大きくなる。

45 ○ →テーマ24
46 ○ →テーマ24
47 ○ →テーマ24
48 × →テーマ24

揮発分は、炭化度の進んだものほど少ない。

49 ○ →テーマ24
50 ○ →テーマ24

燃焼

アクセスキー　4
（数字のよん）

重要度：🔥🔥🔥

No. 25 /33

燃焼装置

燃焼装置は、燃料の状態（気体、液体、固体）により、固体燃料用、液体燃料用、気体燃料用に分類される。気体燃料と液体燃料の燃焼装置にはバーナが用いられる。固体燃料の燃焼装置には、流動層燃焼方式が用いられる。

Step1 図解 目に焼き付けろ！

拡散燃焼方式

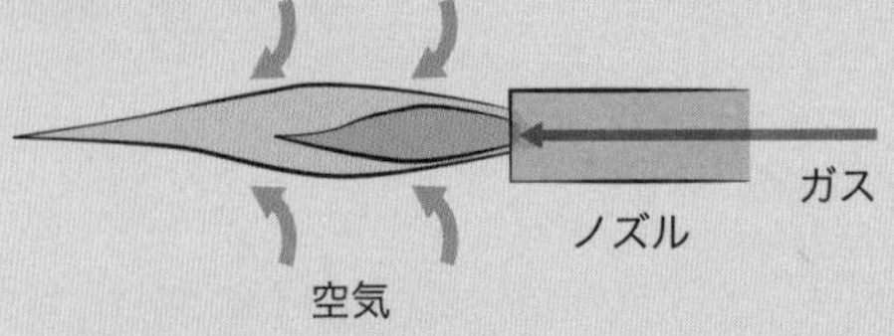

・ノズルから出た後の燃料ガスに空気が混合される。
・逆火のおそれはない。

予混合燃焼方式

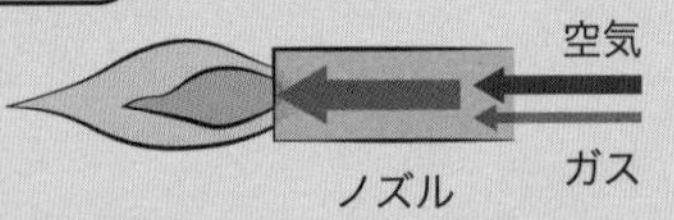

・あらかじめ燃焼ガスと空気が混合されている。
・火炎が逆流する逆火のおそれがある。

拡散燃焼方式と予混合燃焼方式の違いはよく問われるので、理解しておこう。

Step2 解説 爆裂に読み込め！

液体燃料のバーナは、霧化媒体とターンダウン比がよく問われる。

気体燃料の燃焼方式

気体燃料の燃焼方式には、ガスと空気の混合方式により、拡散燃焼方式と予混合燃焼方式がある。

● 拡散燃焼方式

燃料ガスと空気を別々にバーナに供給して燃焼させる方式。逆火の危険性がない。予熱した燃焼用空気を使用できるので、火炎の広がり、長さ、温度分布などの火炎特性の調節が容易である。周囲の空気の中心にノズルが配置されるセンタータイプバーナが用いられる。拡散燃焼方式は、ほとんどのボイラー用バーナに採用されている。

● 予混合燃焼方式

燃料ガスに空気をあらかじめ混合して燃焼させる方式。安定な火炎をつくりやすいが、逆火の危険性がある。気体燃料に特有な燃焼方式で、点火用種火のパイロットバーナに用いられる。

気体燃料のバーナには、センタータイプバーナのほかに、複数のノズルを設けたマルチスパッドバーナと、リングに多数の噴射孔を設けたリングタイプバーナがある。

液体燃料のバーナ

液体燃料のバーナには、液体燃料の霧化（霧状にすること）方式により、次のものがある。

- 圧力噴霧式バーナ：霧化媒体（燃料を霧化するための別の流体）を用いず、燃料油に高圧力を加えてノズルチップ（噴出孔）から炉内に噴出させて微粒化するもの。ターンダウン比が狭い。
- 蒸気噴霧式バーナ：霧化媒体として蒸気を使用し、蒸気のエネルギーで燃料油を微粒化させるもの。ターンダウン比が広い。
- 空気噴霧式バーナ：霧化媒体として空気を使用し、空気のエネルギーで燃料油を微粒化させるもの。比較的低圧の空気で燃料油を霧化する低圧気流噴霧式などがある。
- 回転式バーナ：回転するカップ（先が広がった筒）の内面で油膜を形成し、遠心力により燃料油を微粒化する。
- ガンタイプバーナ：ファンと圧力噴霧式バーナとを組み合わせたもの。燃焼量の調節範囲が狭い。

ターンダウン比とは、定格燃料流量と制御可能な最小燃料流量の比をいう。ターンダウン比が広いほど、燃料の流量調整の範囲が広くなり、弱火にしやすくなる。

圧力噴霧式バーナは燃料油に直接圧力をかけているので、燃料の流量調整の範囲が狭く、ターンダウン比が狭いという欠点がある。欠点を補うため、次の方法で噴油量を調節している。

- バーナの数を増減する。
- ノズルチップを取り替える。
- 戻り油式圧力噴霧バーナやプランジャ式圧力噴霧バーナを用いる。

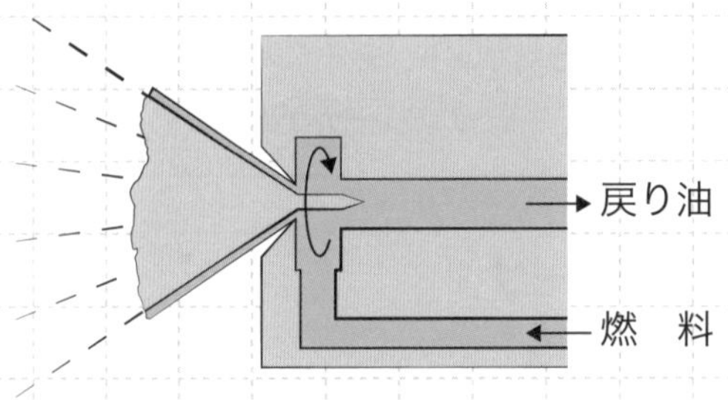

図25-1：戻り油式圧力噴霧バーナ

液体燃料の供給装置

液体燃料の供給装置には、燃料油タンク、油ストレーナ、油加熱器がある。

- 燃料油タンクは、地下や地上に設置され、貯蔵用の貯蔵タンクと供給用のサービスタンクに分類される。サービスタンクの容量は、一般に最大燃焼量の2時間分以上とする。

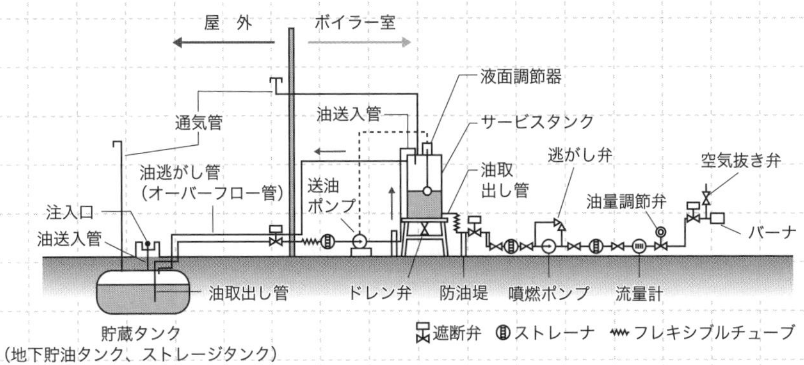

図25-2：燃料系統図例

- 油ストレーナは、燃料油中の異物を除去するために、燃料油配管に設置される。ストレーナとは、原語では茶こしのことで、燃料油中の異物をろ過して除去するものだ。
- 油加熱器は、燃料油を霧化に適した粘度にするために、燃料油を加熱する装置である。

流動層燃焼方式の特徴

流動層燃焼方式とは、固定燃料である石炭の燃焼方式である。粒子状の石炭を小さな穴がたくさんある板の上に乗せ、下から空気を吹き込んで石炭粒子を流動させながら燃焼させる方式である。特徴は次のとおりである。

- 石炭化度の進んでいない低質な石炭でも燃料として用いることができる。

- 石灰石を石炭と混合して燃焼させることで、炉内で脱硫（硫黄酸化物の除去）ができる。
- 伝熱性能が良好で、ボイラーの伝熱面積を小さくできる。
- 低温（700〜900℃）で燃焼するため、窒素酸化物（NOx）の発生が少ない。
- 微粉炭バーナに比べ、石炭粒径が大きくてよいので、石炭を粉砕するための動力が軽減される。

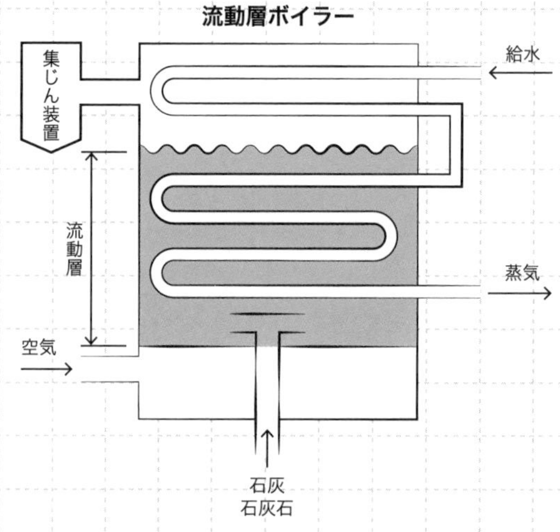

図25-3：流動層燃焼方式

石灰石は、排ガス中の硫黄酸化物を低減することができる。排ガス中の窒素酸化物は高温になるほど増加するので、低温で燃焼させることで窒素酸化物を減少させることができる。

微粉炭とは、石炭を粉砕機（ミル）で微粒子に粉砕したものをいう。粉砕するために動力が必要だ。微粉炭には、微粉炭バーナが用いられる。微粉炭バーナ燃焼における一次空気（燃料近くに供給される空気）は、微粉炭と予混合してバーナに挿入される。

燃焼室の要件

ボイラーの燃焼室として必要な条件は、次のとおりである。

- 燃焼室の形状は、燃料の種類、燃焼方法などに適合する。
- 燃焼室の大きさは、燃焼ガスの炉内滞留時間を燃焼完結時間より長くする。
- バーナタイルなど、着火が容易な構造とする。
- 耐火材は、焼損、スラグの溶着などの障害を起こさない物を使用する。
- 炉壁は、放射熱損失の少ない構造とする。
- 燃焼室熱負荷（燃焼室1m^{3}当たりの熱負荷［kW］）は、概ね、下記の範囲とする。

表25-1：燃焼室熱負荷

ボイラーの種類	燃焼方式	燃焼室熱負荷kW/m^3
炉筒煙管ボイラー	油・ガスバーナ	400～1200
水管ボイラー	微粉炭バーナ	150～200
	油・ガスバーナ	200～1200

バーナタイルとは、バーナの着火をよくするために、熱を反射してバーナを加熱するタイルをいう。スラグとは、鉱滓（こうさい）ともいい、溶融金属の上に浮かぶかすのことだ。

Step3 暗記 何度も読み返せ！

気体燃料（きたいねんりょう）

- □ 拡散燃焼方式（かくさんねんしょうほうしき）は、逆火（ぎゃっか）の危険性（きけんせい）がない。

- ☐ 予混合燃焼方式は、逆火の危険性がある。
- ☐ センタータイプバーナは、ノズルが中央。
- ☐ マルチスパッドバーナは、ノズルが複数。
- ☐ リングタイプバーナは、ノズルがリングに多数。

液体燃料

- ☐ 圧力噴霧式バーナ：霧化媒体を用いない。ターンダウン比が狭い。
- ☐ 蒸気噴霧式バーナ：霧化媒体として蒸気を使用。ターンダウン比が広い。
- ☐ 空気噴霧式バーナ：霧化媒体として空気を使用。低圧気流噴霧式などがある。
- ☐ 回転式バーナ：回転カップの遠心力により燃料油を微粒化。
- ☐ ガンタイプバーナ：ファンと圧力噴霧式バーナの組み合わせ。
- ☐ 戻り油式やプランジャ式は、ターンダウン比を改善した圧力噴霧バーナ。
- ☐ サービスタンクの容量は、一般に最大燃焼量の2時間分以上。

固体燃料（流動層燃焼方式の特徴）

- ☐ 石灰石を混合して、脱硫ができる。
- ☐ 低温燃焼するため、窒素酸化物（NOx）の発生が少ない。
- ☐ 微粉炭バーナに比べ、石炭粒径が大きくてよいので、粉砕動力が軽減。

燃焼室の要件

- ☐ 燃焼室の大きさは、燃焼ガスの炉内滞留時間を燃焼完結時間より長くする。

重要度：🔥🔥

No.
26
/33

有害物質

ボイラーでの燃料の燃焼により発生する有害物質に、硫黄酸化物（SO_X）と窒素酸化物（NO_X）がある。硫黄酸化物（SO_X）と窒素酸化物（NO_X）の発生原因と対策について、しっかり理解しておこう。

Step1 図解 目に焼き付けろ！

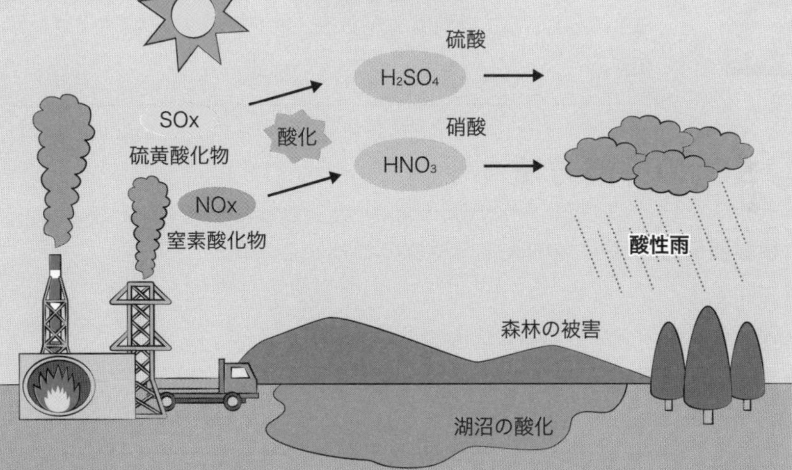

硫黄酸化物	SO_X（ソックス）	SO（一酸化硫黄）、SO_2（二酸化硫黄）、SO_3（三酸化硫黄）などをまとめた表現方法	燃料中の硫黄分が多いと発生する
窒素酸化物	NO_X（ノックス）	NO（一酸化窒素）、NO_2（二酸化窒素）、NO_3（三酸化窒素）などをまとめた表現方法	燃焼時の温度が高いと発生する

Step2 解説 爆裂に読み込め！

硫黄酸化物(SO_X)も窒素酸化物(NO_X)も酸性雨の原因物質だ。酸性雨が発生すると、木が枯れたり、湖が汚染されたり、建物を劣化させたりする。

硫黄酸化物(SO_X)

硫黄酸化物（SO_X）は、ボイラーの燃焼室で発生し、ボイラーの煙突から排出される。SO_2が主で、SO_3は少量である。SO_Xは人の呼吸器系統などの障害を起こすほか、酸性雨の原因になる。

SO_Xのうち、SO_2は刺激臭がある。オヤジのソックスがくさいが如く。

SO_Xの抑制方法

硫黄酸化物（SO_X）の抑制方法は次のとおりである。

- 硫黄化合物の少ない燃料を使用する。
- 排煙脱硫装置を設け、燃焼ガス中のSO_Xを除去する。

SO_Xは燃料中の硫黄が原因物質なので、抑制方法は燃料中の硫黄を絶つことだ。オヤジのくさいソックスは元から絶つ。

窒素酸化物(NO_X)

窒素酸化物（NO_X）は、ボイラーの燃焼室で発生し、ボイラーの煙突から排出される。NOが主で、煙突から排出されて大気中に拡散する間に酸化されて一部NO_2になる。

NO_Xには、発生原因によりサーマルNO_XとフューエルNO_Xに分類される。NO_Xの発生要因は次のとおりである。

- 燃焼室の温度が高い。
- 酸素濃度が高い。
- 高温部での反応時間が長い。

ボイラーは、燃焼室で燃料を空気により燃焼させている。空気中の窒素が原因で発生するのがサーマルNO_X、燃料中の窒素が原因で発生するのがフューエルNO_Xだ。原因が異なるだけで生み出されるものは同じだ。サーマルとは「熱の」、フューエルとは「燃料」という意味だ。

NO_Xの抑制方法

窒素酸化物（NO_X）の抑制方法は次のとおりである。

- 炉内燃焼ガス中の酸素濃度を低くする。
- 燃焼温度を低くする。
- 局部的な高温域が生じないようにする。
- 高温燃焼域における燃焼ガスの滞留時間を短くする。
- 窒素化合物の少ない燃料を使用する。
- 排煙脱硝装置を設け、燃焼ガス中のNO_Xを除去する。

NO_Xは高温で発生するので、抑制方法は高温にさらさないことだ。NO対策、高温はNO（ノー）だ。

NO_X改善燃焼方法

窒素酸化物（NO_X）の発生を抑制する改善燃焼方法には、二段燃焼法、濃淡燃焼、排ガスの再循環（排ガス混合法）、低NOxバーナの使用がある。

二段燃焼法とは、バーナには空気を少なめに供給し、火炎の上に空気を補充して、二段階で完全燃焼させる燃焼方法である。

排ガス混合法とは、排ガスの一部を再循環して、燃焼用空気に混合して燃焼速度を遅くする燃焼方法である。

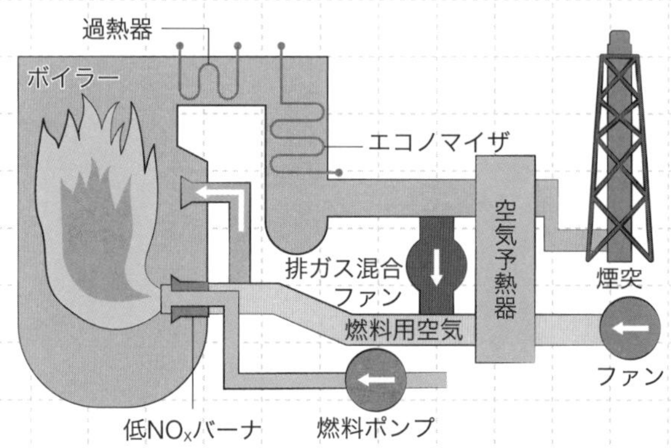

図26-1：NO_X改善燃焼方法(低NO_Xバーナと排ガス混合法)

サーマルNO_Xは、燃料ではなく空気の窒素が原因なので、燃料を改善しても抑制できない。したがって、NO_Xの発生抑制のためには、燃焼方法を改善する必要がある。

Step 3 暗記 何度も読み返せ!

SO_X

- □ SO_2が主で、SO_3は少量。
- □ SO_Xは、人の呼吸器系統などの障害を起こすほか、酸性雨の原因になる。
- □ SO_Xのうち、SO_2は刺激臭がある。

SO_Xの抑制方法

- □ 硫黄化合物の少ない燃料を使用する。
- □ 排煙脱硫装置を設け、燃焼ガス中のSO_Xを除去する。

NO_X

- □ NOが主で、酸化されて一部NO_2になる。
- □ サーマルNO_Xは、空気中の窒素が燃焼時に酸化して発生する。
- □ フューエルNO_Xは、燃料中の窒素化合物が燃焼時に酸化して発生する。

NO_Xの発生要因

- □ 燃焼室の温度が高い。
- □ 酸素濃度が高い。
- □ 高温部での反応時間が長い。

NO_Xの抑制方法

- □ 炉内燃焼ガス中の酸素濃度を低くする。
- □ 燃焼温度を低くする。
- □ 局部的な高温域が生じないようにする。
- □ 高温燃焼域における燃焼ガスの滞留時間を短くする。
- □ 窒素化合物の少ない燃料を使用する。
- □ 排煙脱硝装置を設け、燃焼ガス中のNO_Xを除去する。

NO_X改善燃焼方法

- □ 二段燃焼法。
- □ 濃淡燃焼。
- □ 排ガスの再循環（排ガス混合法）。
- □ 低NOxバーナ。

重要度：🔥🔥

No. 27 /33

燃焼用空気と通風

ボイラーの燃焼を継続するためには、ボイラーに燃料と空気を供給し、ボイラーから燃焼ガスを排出し続ける必要がある。燃焼用空気を供給し、燃焼ガスを排出するための空気と燃焼ガスの流れを、通風という。

Step1 図解 目に焼き付けろ！

1次空気と2次空気

通風方式

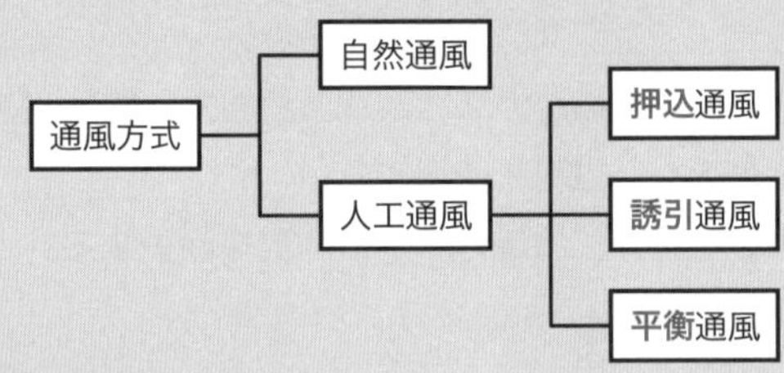

人工通風の所要動力

空気比

$$空気比=\frac{実際の空気量}{理論空気量}$$

Step2 解説 爆裂に読み込め！

誘い込むより、押し込む方が動力が小さい！

燃焼装置と1次空気・2次空気

燃焼用空気には、最初に燃料の近くに供給される１次空気と、次に燃焼室に供給される２次空気がある。１次空気と２次空気は、燃焼方式の違いにより、供給方法、役割などが異なる。

表27-1：１次空気と2次空気

燃焼装置	１次空気	２次空気
油バーナ ガスバーナ	噴射された燃料近傍に供給され、初期燃焼を安定させる。	旋回または軸流によって燃料と空気の混合を良好にし、燃焼を完結させる。
火格子（ひごうし）	上向き通風では火格子から燃料層を通して送入される。	上向き通風では燃料層上の可燃ガスの火炎中に送入される。
微粉炭バーナ	微粉炭と予混合してバーナに送入される。	バーナの周囲から噴出する。

火格子とは、ストーカともいい、石炭などの固体燃料を燃焼させるために、燃料を置く台をいう。燃焼用の空気が流通しやすいように、すき間のあいた構造をしている。

自然通風と人工通風

通風とは、燃焼用空気を供給し、燃焼ガスを排出するための空気と燃焼ガスの流れをいう。通風には、煙突による自然通風力による自然通風と、ファン

（送風機）による機械通風力による人工通風がある。

通風力とは、通風を起こさせる圧力差のことをいい、単位には一般にPa（パスカル）またはkPa（キロパスカル）が用いられる。煙突の自然通風力は、煙突内ガスの密度と外気の密度との差に煙突の高さを乗じて求められる。

◆人工通風の方式

人工通風には、押込みファンを用いた押込通風、誘引ファンを用いた誘引通風、押込みファンと誘引ファンを用いた平衡通風がある。

◆押込通風

押込通風は、燃焼用空気を、押込ファンで大気圧より高い圧力でボイラーに押し込む方式である。押込通風は、押込ファンを通過する気体が常温の空気で取扱いしやすく、かつ、所要動力が小さくなるので広く用いられている。また、空気流と燃料噴霧流との混合が有効に利用でき、燃焼効率が高まるという長所もある。

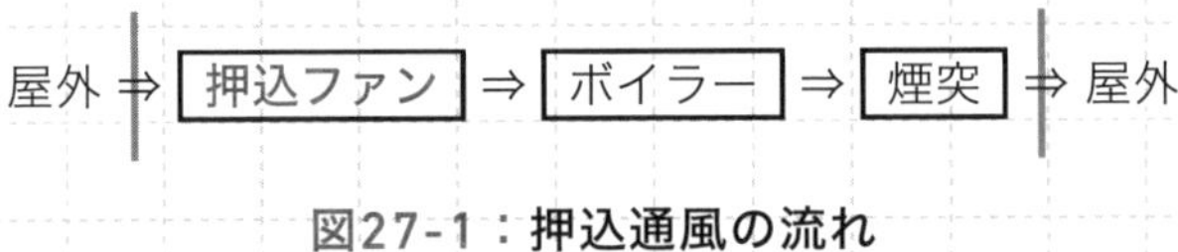

図27-1：押込通風の流れ

押込通風は、ボイラー内の圧力が大気圧よりも高いので、気密が不十分だと、ボイラー内の燃焼ガスがボイラーの外に漏れてしまうぞ。

◆誘引通風

誘引通風は、燃焼ガスを煙道又は煙突入口に設けた誘引ファンによって誘引し、煙突に放出する方式である。誘引ファンを通過する気体が高温の燃焼ガスのため、すす、ダスト、腐食性物質等により腐食、摩耗が起こりやすい。また、誘引ファンが排出する気体が高温により膨張した燃焼ガスなので、所要動力が大きくなる。

屋外 ⇒ ボイラー ⇒ 誘引ファン ⇒ 煙突 ⇒ 屋外

図27-2：誘引通風の流れ

気体は温度が高くなると膨張して体積が増えるので、ファンを通過する気体の温度が高いほど所要動力が大きくなる。

◆平衡通風

平衡通風は、押込ファンと誘引ファンとを併用した方式である。ボイラー内の圧力を大気圧よりわずかに低く調節することにより、燃焼ガスの外部への漏れを防止している。平衡通風は、誘引通風よりも動力が小さくて済むが、押込通風よりは大きくなる。平衡通風は、通風抵抗の大きなボイラーでも強い通風力が得られる。

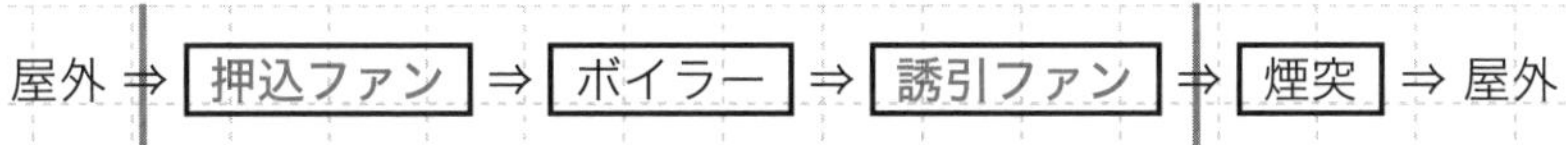

図27-3：平衡通風の流れ

人工通風の所要動力は、小さい方が望ましい。

◆ファンの種類と長所・短所

表27-2：ファンの種類と特徴

種類	羽根の形状	風圧	長所	短所
多翼形	前向き	0.15〜2kPa	小型、軽量で安価	効率が低く、形状がぜい弱で高温、高圧、大容量に適さない
後向き形	後向き	2〜8kPa	効率が高く、高温、高圧、大容量に適する	形状が大きく、高価
ラジアル形	放射状	0.5〜5kPa	形状が簡単で強度があり、摩耗、腐食に強い。	大型で重量があり、高価

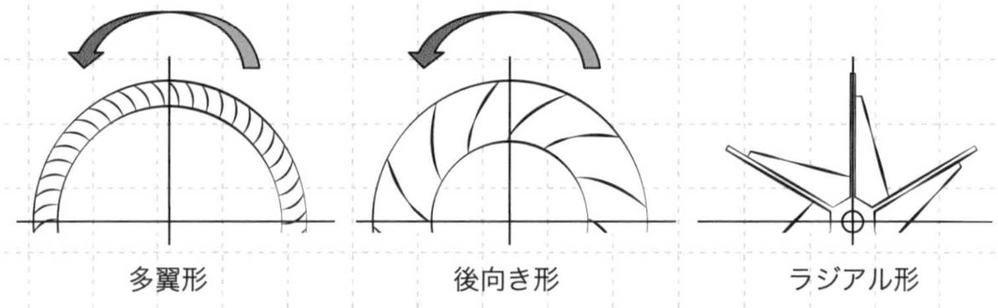

図27-4：ファンの種類

羽根の形状は、多翼形は前向き、後向き形は後向きだ。前向きと後向きでは、回転方向に対する羽根の曲がる方向が逆になっている。羽根の形状をボイラー技士試験において、図で問われることはない。言葉だけ知っていれば十分だ。

理論空気量と空気比

燃料が、完全燃焼するのに理論上必要な最小の空気量を理論空気量という。理論空気量の単位は、液体及び固体燃料では〔m^3N/kg〕で表し、気体燃料では〔m^3N/m^3N〕で表される。

理論空気量に対する実際空気量の比を空気比という。次式の関係式が成り立つ。

実際の空気量＝空気比×理論空気量

空気比は、微粉炭で1.15〜1.3、液体燃料・気体燃料で1.05〜1.3程度であり、微粉炭のほうが液体燃料・気体燃料よりもやや大きくなる。

理論空気量以上の過剰な空気は、燃焼に寄与せずに燃焼ガスとして排出されるだけだ。ボイラーの熱損失のうち、最も大きな熱損失は燃焼ガスによって捨てられる熱の損失である。したがって、実際の空気量を小さくするため、できるだけ空気比を小さくして完全燃焼させることが望ましい。

理論上必要な空気量よりも、実際の燃焼に必要な空気量のほうが多くなるので、空気比は1よりも大きな数字になる。空気比は小さい方が望ましいんだ！

Step3 暗記

何度も読み返せ！

- □ 1次空気は、燃料の近くに供給される。
- □ 2次空気は、燃焼室に供給される。
- □ 煙突の自然通風力は、煙突内ガスと外気の密度差に煙突の高さを乗じて求められる。
- □ 押込通風は、押込ファンで大気圧より高い圧力でボイラーに押し込む。
- □ 押込通風は、所要動力が小さい。
- □ 誘引ファンは腐食、摩耗が起こりやすい。、
- □ 誘引通風は、所要動力が大きくなる。
- □ 平衡通風は、押込ファンと誘引ファンを併用した方式。
- □ 平衡通風は、ボイラー内の圧力を大気圧よりわずかに低くし、燃焼ガスの外部への漏れを防止している。
- □ 平衡通風の動力は、誘引通風よりも小さく、押込通風よりは大きい。
- □ 多翼形は、効率が低く、形状がぜい弱で高温、高圧、大容量に適さない。
- □ 後向き形は、効率が高く、高温、高圧、大容量に適する。
- □ ラジアル形は、形状が簡単で強度があり、摩耗、腐食に強い。
- □ 理論空気量は、液体及び固体燃料は〔m^3N/kg〕、気体燃料は〔m^3N/m^3N〕で表す。
- □ 実際の空気量＝空気比×理論空気量
- □ 空気比は、微粉炭のほうが液体燃料・気体燃料よりもやや大きい。
- □ ボイラーの熱損失のうち、最も大きな損失は燃焼ガスによる損失である。
- □ できるだけ空気比を小さくして完全燃焼させることが熱効率上、望ましい。

燃えろ! 演習問題

本章で学んだことを復習だ！　分からない問題は、テキストに戻って確認するんだ！　分からないままで終わらせるなよ！！

01 気体燃料の燃焼方式の拡散燃焼方式は、燃料ガスと空気を別々にバーナに供給して燃焼させる方式で、逆火の危険性がない。

02 気体燃焼の燃焼方式の予混合燃焼方式は、燃料ガスに空気を予め混合して燃焼させる方式で、逆火の危険性がある。

03 予混合燃焼方式は、ほとんどのボイラー用バーナに採用されている。

04 予混合燃焼方式は、気体燃料に特有な燃焼方式で、ボイラー用パイロットバーナに採用されることがある。

05 マルチスパッドガスバーナは、リング状の管の内側に多数のガス噴射孔を有している。

06 センタータイプガスバーナは、空気流の中心にガスノズルを有している。

07 マルチスパッドガスバーナは、空気流中に1本のノズルを有し、ノズルを集中することによりガスと空気の混合を促進する。

08 液体燃料の圧力噴霧式バーナは、ターンダウン比が広い。

09 液体燃料の蒸気噴霧式バーナは、ターンダウン比が広い。

10 液体燃料のガンタイプバーナは、ファンと圧力噴霧式バーナとを組み合わせたもので、燃焼量の調節範囲が広い。

11 液体燃料の回転式バーナは、回転するカップ（先が広がった筒）の内面で油膜を形成し、遠心力により燃料油を微粒化する。

12 サービスタンクの容量は、一般に最大燃焼量の2時間分以上とする。

13 流動層燃焼方式において、石灰石を石炭と混合して燃焼させることで、炉内で脱硝ができる。

14 流動層燃焼方式は、微粉炭バーナに比べ、石炭粒径が大きくてよい。

15 微粉炭バーナ燃焼における二次空気は、微粉炭と予混合してバーナに送入される。

16 燃焼室の大きさは、燃焼ガスの炉内滞留時間を燃焼完結時間より短くする。

17 排ガス中のSO_Xは、大部分がSO_3である。

18 排ガス中のNO_Xは、大部分がNOである。

第6章 燃焼

🔥19 硫黄酸化物（SO_X）は酸性雨の原因物質だが、窒素酸化物（NO_X）は酸性雨の原因物質ではない。

🔥20 サーマルNO_Xとは、燃料中の窒素が燃焼時に酸化して発生したNO_Xをいう。

🔥21 フューエルNO_Xとは、燃料中の炭素化合物が燃焼時に酸化して発生する。

🔥22 窒素酸化物（NO_X）の抑制方法として、炉内燃焼ガス中の酸素濃度を高くする。

🔥23 窒素酸化物（NO_X）の抑制方法として、燃焼温度を高くする。

🔥24 窒素酸化物（NO_X）の抑制方法として、局部的な高温域が生じないようにする。

🔥25 窒素酸化物（NO_X）の抑制方法として、高温燃焼域における燃焼ガスの滞留時間を短くする。

🔥26 窒素酸化物（NO_X）の抑制方法として、窒素化合物の少ない燃料を使用する。

🔥27 窒素酸化物（NO_X）の抑制方法として、排煙脱硫装置を設け、燃焼ガス中のNO_Xを除去する。

🔥28 窒素酸化物（NO_X）の発生を抑制する改善燃焼方法の二段燃焼法とは、バーナには空気を少なめに供給し、火炎の上に空気を補充して、二段階で完全燃焼させる燃焼方法である。

🔥29 窒素酸化物（NOx）の発生を抑制する改善燃焼方法には、二段燃焼法、濃淡燃焼、排ガスの再循環（排ガス混合法）、低NOxバーナの使用がある。

🔥30 炉及び煙道を通して起こる空気及び燃焼ガスの流れを、通風という。

🔥31 通風力とは、通風を起こさせる圧力差のことをいい、単位には一般にN又はkNが用いられる。

🔥32 煙突によって生じる自然通風力は、煙突内のガスの密度と外気の密度との差に煙突の太さを乗じることにより求められる。

🔥33 押込通風は、押込ファンを通過する気体が常温の空気で取扱いしやすい。

🔥34 押込通風は、ボイラー内の圧力が大気圧よりも低いので、気密が不十分だと、ボイラー内の燃焼ガスがボイラーの外に漏れてしまう。

🔥35 押込通風は、空気流と燃料噴霧流が有効に混合するため、燃焼効率が高まる。

🔥36 誘引通風は、誘引ファンが排出する気体が高温により膨張した燃焼ガスなので、所要動力が大きくなる。

37　平衡通風は、誘引通風よりも動力が小さくて済むが、押込通風よりは大きくなる。

38　平衡通風は、通風抵抗の大きなボイラーでも強い通風力が得られる。

39　平衡通風は、ボイラー内の圧力を大気圧よりわずかに高く調節することにより、燃焼ガスの外部への漏れを防止している。

40　多翼形ファンは、効率が低く、形状がぜい弱で高温、高圧、大容量に適さない。

41　多翼形ファンは、羽根車の外周近くに、短く幅長で後向きの羽根を多数設けたものである。

42　前向き形ファンは、効率が高く、高温、高圧、大容量に適する。

43　シリアル形ファンは、形状が簡単で強度があり、摩耗、腐食に強い。

44　燃料が、完全燃焼するのに理論上必要な最小の空気量を理論空気量という。

45　理論空気量の単位は、気体燃料では〔m^3N/kg〕で表し、液体及び固体燃料では〔m^3N/m^3N〕で表される。

46　理論空気量に対する実際空気量の比を空気比という。

47　理論空気量よりも実際空気量のほうが小さい。

48　空気比は、微粉炭のほうが液体燃料・気体燃料よりもやや小さくなる。

49　排ガス熱による熱損失を少なくするためには、空気比を大きくして完全燃焼させる。

50　火格子とは、ストーカともいい、石炭などの固体燃料を燃焼させるために燃料を置く台をいう。

第6章 燃焼

解答・解説

01　○ →テーマ25

02　○ →テーマ25

03　× →テーマ25

拡散燃焼方式は、ほとんどのボイラー用バーナに採用されている。

04　○ →テーマ25

05　× →テーマ25

リングタイプガスバーナは、リング状の管の内側に多数のガス噴射孔を有している。

06　○ →テーマ25

07 × →テーマ25

マルチスパッドガスバーナは、空気流中に複数のノズルを有し、ノズルを分割することによりガスと空気の混合を促進する。

08 × →テーマ25

液体燃料の圧力噴霧式バーナは、ターンダウン比が狭い。

09 ○ →テーマ25

10 × →テーマ25

液体燃料のガンタイプバーナは、ファンと圧力噴霧式バーナとを組み合わせたもので、燃焼量の調節範囲が狭い。

11 ○ →テーマ25

12 ○ →テーマ25

13 × →テーマ25

流動層燃焼方式において、石灰石を石炭と混合して燃焼させることで、炉内で脱硫ができる。

14 ○ →テーマ25

15 × →テーマ25

微粉炭バーナ燃焼における一次空気は、微粉炭と予混合してバーナに送入される。

16 × →テーマ25

燃焼室の大きさは、燃焼ガスの炉内滞留時間を燃焼完結時間より長くする。

17 × →テーマ26

排ガス中のSO_Xは、大部分がSO_2である。

18 ○ →テーマ26

19 × →テーマ26

硫黄酸化物（SO_X）も窒素酸化物（NO_X）も酸性雨の原因物質である。

20 × →テーマ26

サーマルNO_Xとは、空気中の窒素が燃焼時に酸化して発生したNO_Xをいう。

21 × →テーマ26

フューエルNO_Xとは、燃料中の窒素化合物が燃焼時に酸化して発生する。

22 × →テーマ26

窒素酸化物（NO_X）の抑制方法として、炉内燃焼ガス中の酸素濃度を低くする。

23 ×　→テーマ26

窒素酸化物（NO_X）の抑制方法として、燃焼温度を低くする。

24 ○　→テーマ26

25 ○　→テーマ26

26 ○　→テーマ26

27 ×　→テーマ26

窒素酸化物（NO_X）の抑制方法として、排煙脱硝装置を設け、燃焼ガス中のNO_Xを除去する。

28 ○　→テーマ26

29 ○　→テーマ26

30 ○　→テーマ27

31 ×　→テーマ27

通風力とは、通風を起こさせる圧力差のことをいい、単位には一般にPa又はkPaが用いられる。

32 ×　→テーマ27

煙突によって生じる自然通風力は、煙突内のガスの密度と外気の密度との差に煙突の高さを乗じることにより求められる。

33 ○　→テーマ27

34 ×　→テーマ27

押込通風は、ボイラー内の圧力が大気圧よりも高いので、気密が不十分だと、ボイラー内の燃焼ガスがボイラーの外に漏れてしまう。

35 ○　→テーマ27

36 ○　→テーマ27

37 ○　→テーマ27

38 ○　→テーマ27

39 ×　→テーマ27

平衡通風は、ボイラー内の圧力を大気圧よりわずかに低く調節することにより、燃焼ガスの外部への漏れを防止している。

40 ○　→テーマ27

41 ×　→テーマ27

多翼形ファンは、羽根車の外周近くに、短く幅長で前向きの羽根を多数設けたものである。

42 × →テーマ27

後向き形のファンは、効率が高く、高温、高圧、大容量に適する。

43 →テーマ27

ラジアル形のファンは、形状が簡単で強度があり、摩耗、腐食に強い。

44 ○ →テーマ27

45 × →テーマ27

理論空気量の単位は、液体及び固体燃料では〔m^3N/kg〕で表し、気体燃料では〔m^3N/m^3N〕で表される。

46 ○ →テーマ27

47 × →テーマ27

理論空気量よりも実際空気量のほうが大きい。

48 × →テーマ27

空気比は、微粉炭のほうが液体燃料・気体燃料よりもやや大きくなる。

49 × →テーマ27

排ガス熱による熱損失を少なくするためには、空気比を小さくして完全燃焼させる。

50 ○ →テーマ27

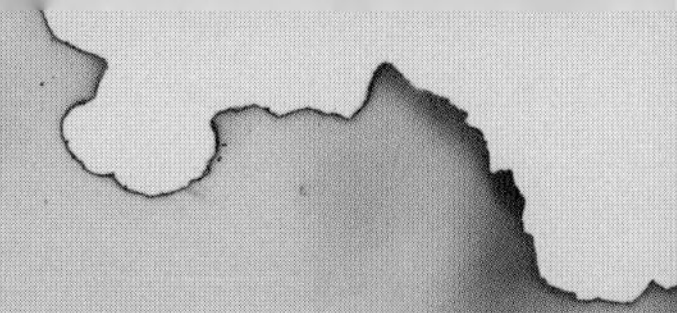

第4科目

関係法令

ここでは、試験科目の4つめ「関係法令」について学習するぞ！

試験科目	範囲
ボイラーの構造に関する知識	熱及び蒸気、種類及び型式、主要部分の構造, 材料, 据付け、附属設備及び附属品の構造、自動制御装置
ボイラーの取扱いに関する知識	点火, 使用中の留意事項, 埋火, 附属装置及び附属品の取扱い、ボイラー用水及びその処理、吹出し, 損傷及びその防止方法、清浄作業、点検
燃料及び燃焼に関する知識	燃料の種類、燃焼理論, 燃焼方式及び燃焼装置、通風及び通風装置
関係法令	労働安全衛生法、労働安全衛生法施行令及び労働安全衛生規則中の関係条項、ボイラー及び圧力容器安全規則、ボイラー構造規格中の附属設備及び附属品に関する条項

第7章

ボイラーの定義・届出・検査

アクセスキー　U
（大文字のユー）

重要度：🔥🔥🔥

No. 28 /33

ボイラーの定義・伝熱面積

ボイラーは、規模や圧力により、ボイラー、小規模ボイラー、小型ボイラー、簡易ボイラーに区分され、区分ごとに、取扱い資格が定められている。区分の根拠になる伝熱面積の算定に関する事項について、よく出題されるぞ。

Step1 図解 目に焼き付けろ！

ボイラーの区分と取扱い

ボイラー
小規模ボイラー
小型ボイラー
簡易ボイラー

	ボイラー	小規模ボイラー	小型ボイラー
免許取得者	○	○	○
技能講習受講者	×	○	○
特別教育受講者	×	×	○

凡例　○：取扱い可　×：取扱い不可

区分の根拠になる伝熱面積の算定に関する事項は頻出だ！

Step2 解説 爆裂に読み込め！

小型ボイラーは小規模ボイラーより小型だ。

ボイラーの取扱い資格

ボイラーの規模を大きい順に並べると下記のようになる。

大　ボイラー＞小規模ボイラー＞小型ボイラー＞簡易ボイラー　小

ボイラーの区分ごとの取扱い資格は、次のとおりである。

- ボイラー：取扱いにボイラー技士免許が必要である。
- 小規模ボイラー：取扱いにボイラー取扱技能講習が必要である。
- 小型ボイラー：取扱いにボイラー取扱特別教育が必要である。
- 簡易ボイラー：取扱いに資格は不要であるが、厚生労働大臣が定める規格等を具備しなければならない。

免許は、試験に合格する必要がある。
技能講習は、受講する必要がある。
特別教育は、事業者が労働者に教育する必要がある。
取得の難易度が大きい順に、免許＞技能講習＞特別教育だ。
だから、取り扱える規模も大きい順に、免許＞技能講習＞特別教育なのだ。

小規模ボイラー

次に示すボイラーは小規模ボイラー（小型ボイラー、簡易ボイラーを除く）

と呼ばれる。

- 蒸気ボイラーの場合
  - ・胴の内径が750mm以下で、かつ、その長さが1300mm以下のもの。
  - ・伝熱面積が3m^{2}以下のもの。
- 温水ボイラーの場合
  - ・伝熱面積が14m^{2}以下のもの。
- 貫流ボイラーの場合
  - ・伝熱面積が30m^{2}以下のもの（気水分離器を有するものにあっては、当該気水分離器の内径が400mm以下で、かつ、その内容積が0.4m^{3}以下のものに限る）。

上記の規模を超えるものは、小規模ボイラーに該当しないので、取扱いにボイラー技士免許が必要である。試験でよく問われるので、数字を覚えて、解答できるようにしておこう。

伝熱面積の算定方法

ボイラーの区分の根拠になる伝熱面積の算定方法は、次のとおりである。

- 丸ボイラー、鋳鉄ボイラーなどの水管ボイラー及び電気ボイラー以外のボイラーの伝熱面積
  火気、燃焼ガス、その他の高温ガスに触れる本体の面で、その裏側が水または熱媒に触れるものの面積。伝熱面にひれ、スタッド等のあるものは、別に算定した面積を加える。
- 貫流ボイラー以外の一般の水管ボイラーの伝熱面積
  ・水管及び管寄せの次の面積を合計した面積
  ・水管または管寄せで、その全部又は一部が燃焼ガス等に触れるものは、燃焼ガス等に触れる面積。
  ・耐火れんがによっておおわれた水管にあっては、管の外周の壁面に対する投影面積。

・ひれ付き水管のひれの部分は、その面積に一定の数値を乗じたもの。

- 貫流ボイラーの伝熱面積
  燃焼室入口から過熱器入口までの水管の、燃焼ガス等に触れる面の面積。
- 電気ボイラーの伝熱面積
  電力設備容量20kW当たり1m^{2}とみなして、最大電力設備容量を換算した面積。

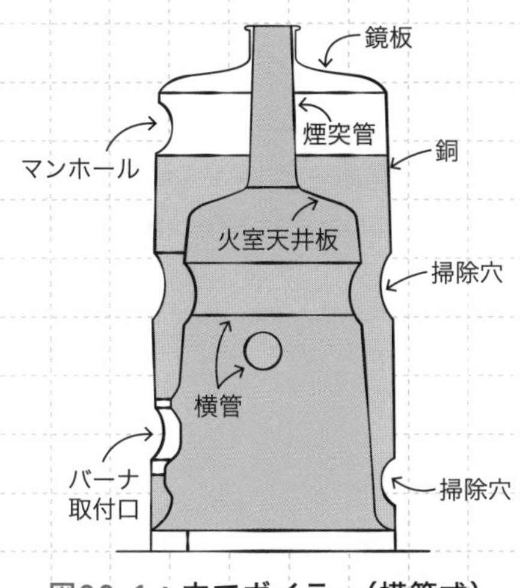

図28-1：立てボイラー（横管式）

要するに、伝熱面積は火や煙が触れるほうの面積で算定される。
すなわち、
内が煙、外が水である煙管の伝熱面積は、管の内径側で算定する。
内が水、外が火である水管の伝熱面積は、管の外径側で算定する。
内が水、外が火である立てボイラーの横管の伝熱面積は、管の外径側で算定する。

火・煙の流れと、伝熱面積の算定の関係をまとめると次のようになる。

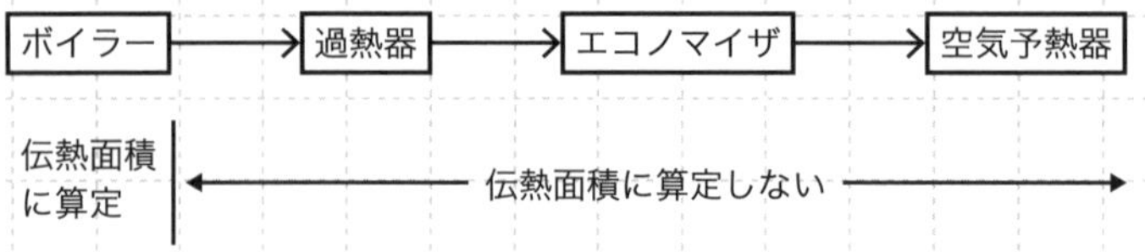

図28-2：伝達面積の算定

水管ボイラーのドラムと気水分離器の主目的は、伝熱ではなく気水の分離なので、伝熱面積に算定しない。

気水分離器、過熱器、エコノマイザ、水管ボイラーのドラム、つまり「気分の過熱した江戸っ子」は伝熱面積に算入しないと覚えよ！

Step3 暗記

何度も読み返せ！

- □ ボイラーの取扱いには、免許が必要である。
- □ 小規模ボイラーの取扱いには、技能講習が必要である。
- □ 小型ボイラーの取扱いには、特別教育が必要である。
- □ 簡易ボイラーの取扱いに資格は不要であるが、規格等を具備しなければならない。

小規模ボイラー（小型ボイラー、簡易ボイラーを除く）

蒸気ボイラーの場合

- □ 胴の内径が750mm以下で、かつ、その長さが1300mm以下のもの。
- □ 伝熱面積が$3m^2$以下のもの。

温水ボイラーの場合

- □ 伝熱面積が$14m^2$以下のもの。

貫流ボイラーの場合

- □ 伝熱面積が$30m^2$以下のもの。（気水分離器を有するものにあっては、当該気水分離器の内径が400mm以下で、かつ、その内容積が$0.4m^3$以下のものに限る）

伝熱面積の算定

- □ 火や煙が触れるほうの面積で算定される。
- □ 内が煙、外が水である煙管は、管の内径側で算定する。
- □ 内が水、外が火である水管は、管の外径側で算定する。
- □ 内が水、外が火である立てボイラーの横管は、管の外径側で算定する。
- □ 伝熱面積に算入しないのは、気水分離器、過熱器、エコノマイザ、ドラム。

重要度：

No.
29
/33

ボイラー変更届

ボイラー変更届とは、事業者が、ボイラーの部分・設備を変更しようとするときに、所轄労働基準監督署長に提出しなければならない届出のことだ。変更届が必要な部分・設備、不要な部分・設備を問う問題が頻出している。

Step1 図解 目に焼き付けろ！

ボイラー変更届の必要のあるもの

①胴、ドーム、炉筒、火室、鏡板、天井板、管板、管寄せまたはステー
②附属設備（エコノマイザ、過熱器に限る）
③燃焼装置（バーナなど）
④据付基礎

変更届が必要な代表例1、「胴、炉筒、鏡板、管板、ステー」は、
「道路の鏡と看板が捨てられた。」
変更届が必要な代表例2、「エコノマイザ、過熱器、バーナ」は、
「エコ運動が過熱して場慣れ。」
などと、覚えてしまいやがれ！

Step2 解説 爆裂に読み込め！

エコノマイザ、過熱器は伝熱面積に算定しないが、変更届は必要だよ〜ん。

ボイラーの変更届

ボイラーの変更届については、ボイラー及び圧力容器安全規則に、次のように定められている。

ボイラー及び圧力容器安全規則
（変更届）
第四十一条　事業者は、ボイラーについて、次の各号のいずれかに掲げる部分又は設備を変更しようとするときは、法第八十八条第一項の規定により、ボイラー変更届（様式第二十号）にボイラー検査証及びその変更の内容を示す書面を添えて、所轄労働基準監督署長に提出しなければならない。
　一　胴、ドーム、炉筒、火室、鏡板、天井板、管板、管寄せ又はステー
　二　附属設備
　三　燃焼装置
　四　据付基礎

上記条文を受けて、ボイラー変更届の必要のあるものは、次のとおりとなる。

①胴、ドーム、炉筒、火室、鏡板、天井板、管板、管寄せ又はステー
②附属設備（エコノマイザ、過熱器に限る）
③燃焼装置（バーナなど）
④据付基礎

変更届は、
炉筒は必要だが、煙管は不要だ。
管板、管寄せは必要だが、水管は不要だ。
エコノマイザ、過熱器は必要だが、空気予熱器は不要だ。
バーナは必要だが、給水ポンプ、水処理装置は不要だ。
ここは、よく問われるので、間違えずに判断できるようにしておこう。

Step3 暗記 何度も読み返せ！

ボイラー変更届の必要のあるもの

- □ 胴、ドーム、炉筒、火室、鏡板、天井板、管板、管寄せ又はステー
- □ 附属設備（エコノマイザ、過熱器）
- □ 燃焼装置（バーナなど）
- □ 据付基礎

変更届の要不要

- □ 炉筒は必要だが、煙管は不要だ。
- □ 管板、管寄せは必要だが、水管は不要だ。
- □ エコノマイザ、過熱器は必要だが、空気予熱器は不要だ。
- □ バーナは必要だが、給水ポンプ、水処理装置は不要だ。

重要度：🔥🔥

No. 30 /33 ボイラーの検査

ボイラーの検査には、設置前に実施される溶接検査、構造検査、設置後に実施される落成検査、性能検査、定期自主検査がある。その他、ボイラーを再使用するときの使用検査、使用再開検査、変更したときの変更検査がある。

Step1 図解 目に焼き付けろ！

新設時

溶接検査 → 構造検査 → 設置届 → 落成検査 → 検査証交付 → 性能検査

輸入時・廃止後再設置の場合

使用検査 → 設置届 → 落成検査 → 検査証交付 → 性能検査

休止後、再使用

使用再開検査 → 性能検査

使用検査における使用検査⇒設置届⇒落成検査の部分はよく問われる。確実に理解しておこう。

Step2 解説

爆裂に読み込め！

ボイラーは検査ばかりだ。

ボイラーの検査

法で定められたボイラーの検査は、次のとおりである。

- 溶接検査
  溶接によって作られるボイラーについて、登録検査機関又は都道府県労働局長が実施する検査。
- 構造検査
  製造されたボイラーについて、登録検査機関又は都道府県労働局長が実施する検査。
- 使用検査
  輸入されたボイラー、または、廃止したボイラーを、再設置するときに登録検査機関又は都道府県労働局長が実施する検査。
- 落成検査
  ボイラー設置工事が終わったときに、所轄労働基準監督署長が実施する検査。
- 変更検査
  法で定められた部分を変更したときに、所轄労働基準監督署長が実施する検査。
- 使用再開検査
  休止したボイラーを再使用するときに、所轄労働基準監督署長が実施する検査。
- 性能検査
  ボイラー検査証の有効期間を更新するときに、登録検査機関が実施する検査。

- 定期自主検査
  法で定める項目について、１ヶ月以内ごとに１回、事業者が実施する自主検査。

休止したボイラーを再使用するときは使用再開検査を、廃止したボイラーを再使用するときは使用検査を受けなければならない。よく問われるので間違えないようにしよう。

ボイラーの性能検査と検査証

ボイラーの性能検査と検査証については、次のとおりである。

- ボイラー検査証の有効期間は、原則として１年である。
- ボイラー検査証の有効期間の更新を受けようとする者は、性能検査を受けなければならない。
- 性能検査を受ける者は、原則としてボイラー（燃焼室を含む）および煙道を冷却し、掃除し、その他性能検査に必要な準備をしなければならない。
- ボイラー検査証を滅失し、または損傷したときは、再交付を受けなければならない。
- ボイラーの事業者に変更があったときは、変更後10日以内に、ボイラー検査証書替申請書にボイラー検査証を添えて、所轄労働基準監督署長に提出し、書替えを受けなければならない。

性能検査とは、落成検査の結果が維持されているか確認するもので、検査項目は、次のとおりである。

- ボイラー室
- ボイラー及びその配管の配置状況
- ボイラーの据付基礎並びに燃焼室及び煙道の構造
- ボイラーの定期自主検査の実施状況

ボイラーの定期自主検査

ボイラーの定期自主検査については、次のとおりである。

- 使用を開始した後、1ヶ月以内ごとに1回、行なわなければならない。(ただし、1ヶ月をこえる期間使用しない場合は、この限りでない。)
- 結果を記録し、3年間保存しなければならない。
- ボイラーの定期自主検査は、次表の事項について、行なわなければならない。

表30-1：定期自主検査の項目と点検事項

項目		点検事項
ボイラー本体		損傷の有無
燃焼装置	油加熱器及び燃料送給装置	損傷の有無
	バーナ	汚れ又は損傷の有無
	ストレーナ	つまり又は損傷の有無
	バーナタイル及び炉壁	汚れ又は損傷の有無
	ストーカ及び火格子	損傷の有無
	煙道	漏れその他の損傷の有無及び通風圧の異常の有無
自動制御装置	起動及び停止の装置、火炎検出装置、燃料しゃ断装置、水位調節装置並びに圧力調節装置	機能の異常の有無
	電気配線	端子の異常の有無
附属装置及び附属品	給水装置	損傷の有無及び作動の状態
	蒸気管及びこれに附属する弁	損傷の有無及び保温の状態
	空気予熱器	損傷の有無
	水処理装置	機能の異常の有無

定期自主検査の項目と点検事項の組み合わせは、細かいところまでよく問われる。定期自主検査は、実務においても重要な事項なので、めんどうがらずに正確に理解しよう。

Step3 暗記 何度も読み返せ！

- □ 休止したボイラーを再使用するときは使用再開検査。
- □ 廃止したボイラーを再使用するときは使用検査。
- □ 使用検査の流れは、 使用検査⇒設置届⇒落成検査。
- □ ボイラー検査証の有効期間は１年。
- □ ボイラー検査証の有効期間の更新を受けようとする者は、性能検査を受けなければならない。
- □ 性能検査を受ける者は、必要な準備をしなければならない。
- □ ボイラー検査証を滅失し、または損傷したときは、再交付を受けなければならない。
- □ 事業者に変更があったときは、変更後10日以内に、ボイラー検査証書替申請書にボイラー検査証を添えて、所轄労働基準監督署長に提出し、書替えを受けなければならない。

性能検査の検査項目

- □ ボイラー室
- □ ボイラー及びその配管の配置状況
- □ ボイラーの据付基礎並びに燃焼室及び煙道の構造
- □ ボイラーの定期自主検査の実施状況

定期自主検査

- □ 使用を開始した後、1月以内ごとに1回、行なわなければならない。
- □ 結果を記録し、3年間保存しなければならない。

燃えろ！ 演習問題

本章で学んだことを復習だ！　分からない問題は、テキストに戻って確認するんだ！　分からないままで終わらせるなよ！！

01　ボイラーは、取扱いにボイラー技士免許が必要である。

02　簡易ボイラーは、取扱いにボイラー取扱技能講習が必要である。

03　小型ボイラーは、取扱いにボイラー取扱特別教育が必要である。

04　小規模ボイラーは、取扱いに資格は不要であるが、厚生労働大臣が定める規格等を具備しなければならない。

05　蒸気ボイラーで、胴の内径が750mm以下で、かつ、その長さが1500mm以下のものは小規模ボイラー（小型ボイラー、簡易ボイラーを除く）と呼ばれる。

06　蒸気ボイラーの場合で伝熱面積が3m^{2}以下のものは小規模ボイラー（小型ボイラー、簡易ボイラーを除く）と呼ばれる。

07　温水ボイラーの場合で、伝熱面積が15m^{2}以下のものは小規模ボイラー（小型ボイラー、簡易ボイラーを除く）と呼ばれる。

08　貫流ボイラーの場合で伝熱面積が50m^{2}以下のもの（気水分離器を有するものにあっては、当該気水分離器の内径が400mm以下で、かつ、その内容積が0.4m^{3}以下のものに限る）は小規模ボイラー（小型ボイラー、簡易ボイラーを除く）と呼ばれる。

09　伝熱面積の算定方法は、火気、燃焼ガス、その他の高温ガスに触れる本体の面で、その裏側が水又は熱媒に触れるものの面積で算定する。

10　貫流ボイラーの伝熱面積は、燃焼室入口から過熱器出口までの水管の、燃焼ガス等に触れる面の面積で算定する。

11　電気ボイラーの伝熱面積は、電力設備容量50kW当たり1m^{2}とみなして、最大電力設備容量を換算した面積で算定する。

12　気水分離器、エコノマイザ、ドラムは伝熱面積に算入しないが、過熱器は伝熱面積に算定する。

13　立てボイラー（横管式）の横管の伝熱面積は、横管の外径側で算定する。

14　炉筒煙管ボイラーの煙管の伝熱面積は、煙管の内径側で算定する。

15 水管ボイラーの耐火れんがでおおわれた水管の面積は、伝熱面積に算入しない。

16 炉筒を変更しようとするときには変更届が必要である。

17 煙管を変更しようとするときには変更届が必要である。

18 管板を変更しようとするときは変更届が不要である。

19 水管を変更しようとするときには変更届が不要である。

20 エコノマイザを変更しようとするときには変更届が不要である。

21 過熱器を変更しようとするときには変更届が必要である。

22 空気予熱器を変更しようとするときには変更届が不要である。

23 バーナを変更しようとするときには変更届が必要である。

24 水処理装置を変更しようとするときには変更届が不要である。

25 給水ポンプを変更しようとするときには変更届が必要である。

26 ステーを変更しようとするときには変更届が不要である。

27 据付基礎を変更しようとするときには変更届が必要である。

28 溶接検査とは、溶接によって作られるボイラーについて、登録検査機関又は都道府県労働局長が実施する検査である。

29 構造検査とは、製造されたボイラーについて、登録検査機関又は都道府県労働局長が実施する検査である。

30 使用再開検査とは、輸入されたボイラー、または、廃止したボイラーを、再設置するときに登録検査機関又は都道府県労働局長が実施する検査である。

31 落成検査とは、ボイラー設置工事が終わったときに、所轄労働基準監督署長が実施する検査である。

32 変更検査とは、法で定められた部分を変更したときに、所轄労働基準監督署長が実施する検査である。

33 再使用検査とは、休止したボイラーを再使用しようとするときに、所轄労働基準監督署長が実施する検査である。

34 検査証検査とは、ボイラー検査証の有効期間を更新するときに、登録検査機関が実施する検査である。

35 定期自主検査とは、法で定める項目について、6ヶ月以内ごとに1回、事業者が実施する自主検査である。

36 ボイラー検査証の有効期間は、原則として1年である。

37 性能検査を受ける者は、原則としてボイラー（燃焼室を含む）及び煙道を加熱し、掃除し、その他性能検査に必要な準備をしなければならない。

38 ボイラー検査証を滅失し、又は損傷したときは、再交付を受けなければならない。

39 ボイラーの事業者に変更があったときは、変更後1ヶ月以内に、ボイラー検査証書替申請書にボイラー検査証を添えて、所轄労働基準監督署長に提出し、書替えを受けなければならない。

40 ボイラー室は、性能検査の検査項目ではない。

41 ボイラー及びその配管の配置状況は、性能検査の検査項目である。

42 ボイラーの据付基礎並びに燃焼室及び煙道の構造は、性能検査の検査項目である。

43 ボイラーの定期自主検査の実施状況は、性能検査の検査項目ではない。

44 ボイラーの定期自主検査は、大きく分けて、「ボイラー本体」、「燃焼装置」、「自動制御装置」及び「附属装置及び附属品」の4項目について行わなければならない。

45 「自動制御装置」の電気配線については、端子の異常の有無について点検しなければならない。

46 「附属装置及び附属品」の水処理装置については、機能の異常の有無について点検しなければならない。

47 ボイラーの定期自主検査については、結果を記録し、5年間保存しなければならない。

48 定期自主検査において、ストレーナの点検事項は「つまり又は損傷の有無」である。

49 定期自主検査において、油加熱器及び燃料送給装置の点検事項は「保温の状態及び損傷の有無」である。

50 定期自主検査において、バーナの点検事項は「漏れその他の損傷の有無及び通風圧の異常の有無」である。

解答・解説

01　○ →テーマ28

02　× →テーマ28

小規模ボイラーは、取扱いにボイラー取扱技能講習が必要である。

03　○ →テーマ28

04　× →テーマ28

簡易ボイラーは、取扱いに資格は不要であるが、厚生労働大臣が定める規格等を具備しなければならない。

05　× →テーマ28

胴の内径が750mm以下で、かつ、その長さが1300mm以下のもの。

06　○ →テーマ28

07　× →テーマ28

伝熱面積が14m^2以下のもの。

08　× →テーマ28

伝熱面積が30m^2以下のもの（気水分離器を有するものにあっては、当該気水分離器の内径が400mm以下で、かつ、その内容積が0.4m^3以下のものに限る）。

09　○ →テーマ28

10　× →テーマ28

貫流ボイラーの伝熱面積は、燃焼室入口から過熱器入口までの水管の、燃焼ガス等に触れる面の面積で算定する。

11　× →テーマ28

電気ボイラーの伝熱面積は、電力設備容量20kW当たり1m^2とみなして、最大電力設備容量を換算した面積で算定する。

12　× →テーマ28

気水分離器、エコノマイザ、ドラム、とともに過熱器も伝熱面積に算入しない。

13　○ →テーマ28

14　○ →テーマ28

15　× →テーマ28

水管ボイラーの耐火れんがでおおわれた水管の面積は、伝熱面積に算入する。

16 ○ →テーマ29

17 × →テーマ29

煙管を変更しようとするときには変更届が不要である。

18 × →テーマ29

管板を変更しようとするときは変更届が必要である。

19 ○ →テーマ29

20 × →テーマ29

エコノマイザを変更しようとするときには変更届が必要である。

21 ○ →テーマ29

22 ○ →テーマ29

23 ○ →テーマ29

24 ○ →テーマ29

25 × →テーマ29

給水ポンプを変更しようとするときには変更届が不要である。

26 × →テーマ29

ステーを変更しようとするときには変更届が必要である。

27 ○ →テーマ29

28 ○ →テーマ30

29 ○ →テーマ30

30 × →テーマ30

使用検査とは、輸入されたボイラー、または、廃止したボイラーを、再設置するときに登録検査機関又は都道府県労働局長が実施する検査である。

31 ○ →テーマ30

32 ○ →テーマ30

33 × →テーマ30

使用再開検査とは、休止したボイラーを再使用しようとするときに、所轄労働基準監督署長が実施する検査である。

34 × →テーマ30

性能検査とは、ボイラー検査証の有効期間を更新するときに、登録検査機関が実施する検査である。

35 × →テーマ30

定期自主検査とは、法で定める項目について、1ヶ月以内ごとに1回、事業者が実施する自主検査である。

36 ○ →テーマ30

37 × →テーマ30

性能検査を受ける者は、原則としてボイラー（燃焼室を含む）及び煙道を冷却し、掃除し、その他性能検査に必要な準備をしなければならない。

38 ○ →テーマ30

39 × →テーマ30

ボイラーの事業者に変更があったときは、変更後10日以内に、ボイラー検査証書替申請書にボイラー検査証を添えて、所轄労働基準監督署長に提出し、書替えを受けなければならない。

40 × →テーマ30

ボイラー室は、性能検査の検査項目である。

41 ○ →テーマ30

42 ○ →テーマ30

43 × →テーマ30

ボイラーの定期自主検査の実施状況は、性能検査の検査項目である。

44 ○ →テーマ30

45 ○ →テーマ30

46 ○ →テーマ30

47 × →テーマ30

ボイラーの定期自主検査については、結果を記録し、3年間保存しなければならない。

48 ○ →テーマ30

49 × →テーマ30

定期自主検査において、油加熱器及び燃料送給装置の点検事項は「損傷の有無」である。

50 × →テーマ30

定期自主検査において、煙道の点検事項は「漏れその他の損傷の有無及び通風圧の異常の有無」である。

第8章

ボイラー技士・取扱い・規格

アクセスキー　P
（大文字のピー）

重要度：🔥🔥🔥

No.
31
/33

ボイラー取扱作業主任者

作業主任者は、労働安全衛生法第14条により、労働災害を防止するための管理を必要とする一定の作業について、作業に従事する労働者の指揮他、省令で定める事項を行わせるために選任が義務付けられている。

Step1 図解 目に焼き付けろ！

ボイラー取扱作業主任者の選任基準

伝熱面積の合計	特級ボイラー技士	1級ボイラー技士	2級ボイラー技士
500m^{2}以上	○	×	×
25m^{2}以上 500m^{2}未満	○	○	×
25m^{2}未満	○	○	○

○:選任可　×：選任不可

2級ボイラー技士は、どんなボイラーでも取り扱うことはできるが、伝熱面積の合計が25m^{2}以上のボイラーの作業主任者に選任することはできない。

Step2 解説 爆裂に読み込め！

作業主任者は労働災害防止の要！

ボイラー取扱作業主任者の選任

ボイラーは、ボイラー技士でなければ取り扱ってはならない。また、ボイラーの伝熱面積の合計により、特級ボイラー技士、1級ボイラー技士、2級ボイラー技士の選任が区分されている。

ボイラー取扱作業主任者の選任については、ボイラー及び圧力容器安全規則に次のとおり規定されている。

（ボイラー取扱作業主任者の選任）
第24条　事業者は、令第六条第四号の作業については、次の各号に掲げる作業の区分に応じ、当該各号に掲げる者のうちから、ボイラー取扱作業主任者を選任しなければならない。
一　取り扱うボイラーの伝熱面積の合計が500m^{2}以上の場合（貫流ボイラーのみを取り扱う場合を除く。）における当該ボイラーの取扱いの作業：特級ボイラー技士免許を受けた者（以下「特級ボイラー技士」という。）
二　取り扱うボイラーの伝熱面積の合計が25m^{2}以上500m^{2}未満の場合（貫流ボイラーのみを取り扱う場合において、その伝熱面積の合計が500m^{2}以上のときを含む。）における当該ボイラーの取扱いの作業：特級ボイラー技士又は1級ボイラー技士免許を受けた者（以下「1級ボイラー技士」という。）
三　取り扱うボイラーの伝熱面積の合計が25m^{2}未満の場合における当該ボイラーの取扱いの作業：特級ボイラー技士、1級ボイラー技士又は2級ボイラー技士免許を受けた者（以下「2級ボイラー技士」という。）
四　令第二十条第五号イからニまでに掲げるボイラー（小規模ボイラー）のみを取り扱う場合における当該ボイラーの取扱いの作業：特級ボイラー技士、1級ボイラー技士、2級ボイラー技士又はボイラー取扱技能講習を修了した者

未満とは、指定された数を含まず、その数よりも小さいことをいう。したがって、伝熱面積25m^{2}のボイラーには、ボイラー取扱作業主任者として2級ボイラー技士を選任できない。

2級ボイラー技士試験で問われるのは、「2級ボイラー技士は、伝熱面積25m²未満のボイラーの取扱い作業主任者に選任できる。」という部分だ。ここだけは確実に覚えておこう。

伝熱面積の合計

伝熱面積の合計は、次のとおり算定する。

- 貫流ボイラー：伝熱面積に1/10を乗じた値。
- 廃熱ボイラー：伝熱面積に1/2を乗じた値。
- 小規模ボイラー：伝熱面積に算入しない。
- 電気ボイラー：電力設備容量20kWを1m²として換算した値。

貫流は1/10、廃熱は1/2、電気は20kWだ。

ボイラー取扱作業主任者の職務

ボイラー取扱作業主任者の職務は、ボイラー及び圧力容器安全規則に次のように規定されている。

（ボイラー取扱作業主任者の職務）
第25条　事業者は、ボイラー取扱作業主任者に次の事項を行わせなければならない。
一　圧力、水位及び燃焼状態を監視すること。
二　急激な負荷の変動を与えないように努めること。
三　最高使用圧力をこえて圧力を上昇させないこと。
四　安全弁の機能の保持に努めること。
五　1日に1回以上水面測定装置の機能を点検すること。
六　適宜、吹出しを行ない、ボイラー水の濃縮を防ぐこと。
七　給水装置の機能の保持に努めること。
八　低水位燃焼しや断装置、火炎検出装置その他の自動制御装置を点検し、及び調整すること。
九　ボイラーについて異状を認めたときは、直ちに必要な措置を講じること。
十　排出されるばい煙の測定濃度及びボイラー取扱い中における異常の有無を記録すること。

水面測定装置の機能点検は1日1回以上。吹出しは適宜。
つまり、そのときの状況に合わせて実施しろということだ。

Step3 暗記 何度も読み返せ！

- □ 2級ボイラー技士は、伝熱面積25m²未満のボイラーの取扱い作業主任者に選任できる。

伝熱面積の合計の算定

- □ 貫流ボイラー：伝熱面積に1/10を乗じた値。
- □ 廃熱ボイラー：伝熱面積に1/2を乗じた値。
- □ 小規模ボイラー：伝熱面積に算入しない。
- □ 電気ボイラー：電力設備容量20kWを1m²として換算した値。

ボイラー取扱作業主任者の職務

- □ 圧力、水位及び燃焼状態を監視する。
- □ 急激な負荷の変動を与えない。
- □ 最高使用圧力をこえて圧力を上昇させない。
- □ 安全弁の機能の保持に努める。
- □ 1日に1回以上水面測定装置の機能を点検する。
- □ 適宜、吹出しを行ない、ボイラー水の濃縮を防ぐ。
- □ 給水装置の機能の保持に努める。
- □ 低水位燃焼しゃ断装置、火炎検出装置他の自動制御装置を点検、調整する。
- □ ボイラーについて異状を認めたときは、直ちに必要な措置を講じる。
- □ 排出されるばい煙の測定濃度及びボイラー取扱い中における異常の有無を記録する。

重要度：🔥🔥

No. 32 /33 ボイラー室と附属品の管理

ボイラー室の構造、ボイラー室の管理、附属品の管理について学習する。附属品の管理は、安全弁・逃がし管などの安全装置、圧力計・水高計・水面計などの計器、給水管、吹出し管、連絡管、返り管などの配管について出題される。

Step1 図解 目に焼き付けろ！

ボイラー室の構造

・伝熱面積3m^{2}を超えるボイラーは、ボイラー室に設置。
・ボイラー室には、2つ以上の出入口。
・ボイラーからの距離は、上部は1.2m以上、側部は0.45m以上。

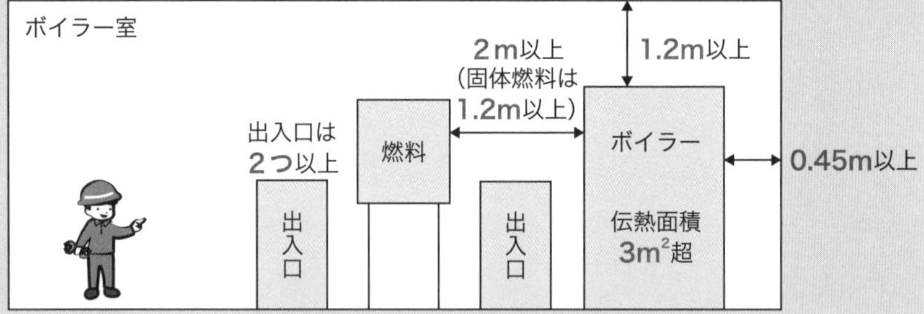

燃料との距離は、燃料により異なり、重油などの液体燃料の場合は2m以上、石炭などの固体燃料の場合は1.2m以上だ。

Step2 解説 爆裂に読み込め！

ボイラー室は、ボイラー技士の仕事場だ！

ボイラー室の構造

ボイラー室の構造について、ボイラー及び圧力容器安全規則に次のように規定されている。

> （ボイラーの設置場所）
> 第18条　事業者は、ボイラー（移動式ボイラー及び屋外式ボイラーを除く。以下この節において同じ。）については、専用の建物又は建物の中の障壁で区画された場所（以下「ボイラー室」という。）に設置しなければならない。ただし、第二条に定めるところにより算定した伝熱面積（以下「伝熱面積」という。）が3m^{2}以下のボイラーについては、この限りでない。

要するに、移動式ボイラー及び屋外式ボイラーを除く伝熱面積3m^{2}を超えるボイラーは、専用の建物または障壁で区画されたボイラー室に設置しなければならない。

> （ボイラー室の出入口）
> 第19条　事業者は、ボイラー室には、2以上の出入口を設けなければならない。ただし、ボイラーを取り扱う労働者が緊急の場合に避難するのに支障がないボイラー室については、この限りでない。

ボイラー室には、緊急時に確実に避難できるように、2つ以上の出入口を設けなければならない。

（ボイラーの据え付け）
第20条　事業者は、ボイラーの最上部から天井、配管その他のボイラーの上部にある構造物までの距離を、1.2m以上としなければならない。ただし、安全弁その他の附属品の検査及び取扱いに支障がないときは、この限りでない。
2　事業者は、本体を被覆していないボイラー又は立てボイラーについては、前項の規定によるほか、ボイラーの外壁から壁、配管その他のボイラーの側部にある構造物（検査及びそうじに支障のない物を除く。）までの距離を0.45m以上としなければならない。ただし、胴の内径が500mm以下で、かつ、その長さが1000mm以下のボイラーについては、この距離は、0.3m以上とする。

要するに、ボイラーからの離隔距離は、上部からは1.2m以上、側部からは0.45m以上（胴の内径が500mm以下で、かつ、長さが1000mm以下は0.3m以上）としなければならない。

（ボイラーと可燃物との距離）
第21条　事業者は、ボイラー、ボイラーに附設された金属製の煙突又は煙道（以下この項において「ボイラー等」という。）の外側から0.15m以内にある可燃性の物については、金属以外の不燃性の材料で被覆しなければならない。ただし、ボイラー等が、厚さ100mm以上の金属以外の不燃性の材料で被覆されているときは、この限りでない。
2　事業者は、ボイラー室その他のボイラー設置場所に燃料を貯蔵するときは、これをボイラーの外側から2m（固体燃料にあつては、1.2m）以上離しておかなければならない。ただし、ボイラーと燃料又は燃料タンクとの間に適当な障壁を設ける等防火のための措置を講じたときは、この限りでない。

要するに、金属製の煙突または煙道の外側から0.15m以内にある可燃物は、金属以外の不燃性の材料で被覆しなければならない。また、ボイラー室に燃料を貯蔵するときは、ボイラーの外側から2m（固体燃料は1.2m）以上離しておかなければならない。

可燃物を金属以外の不燃性の材料で被覆する目的は、可燃物が加熱されて発火するのを防止するための断熱だ。

爆発戸

爆発戸とは、ボイラーの燃焼室と外部に設けられる戸で、炉内爆発が発生したときに、爆発の圧力によって戸が開くことにより、爆発圧力を外部に逃がして、被害を軽減させるものだ。

爆発戸について、ボイラー構造規格に次のように規定されている。

> (爆発戸)
> 第81条　ボイラーに設けられた爆発戸の位置がボイラー技士の作業場所から2m以内にあるときは、当該ボイラーに爆発ガスを安全な方向へ分散させる装置を設けなければならない。
> 2　微粉炭燃焼装置には、爆発戸を設けなければならない。

ボイラー室の管理

ボイラー室の管理について、ボイラー及び圧力容器安全規則に次のように規定されている。

> (ボイラー室の管理等)
> 第29条　事業者は、ボイラー室の管理等について、次の事項を行なわなければならない。
> 一　ボイラー室その他のボイラー設置場所には、関係者以外の者がみだりに立ち入ることを禁止し、かつ、その旨を見やすい箇所に掲示すること。
> 二　ボイラー室には、必要がある場合のほか、引火しやすい物を持ち込ませないこと。
> 三　ボイラー室には、水面計のガラス管、ガスケットその他の必要な予備品及び修繕用工具類を備えておくこと。
> 四　ボイラー検査証並びにボイラー取扱作業主任者の資格及び氏名をボイラー室その他のボイラー設置場所の見やすい箇所に掲示すること。
> 五　移動式ボイラーにあっては、ボイラー検査証又はその写をボイラー取扱作業主任者に所持させること。
> 六　燃焼室、煙道等のれんがに割れが生じ、又はボイラーとれんが積みとの間にすき間が生じたときは、すみやかに補修すること。

ガスケットは、ボイラー本体のマンホールや配管の継手などに、はさみ込んですきまをふさぎ、蒸気や水の漏れを防止する部材だ。

➔ 附属品の管理

附属品の管理について、ボイラー及び圧力容器安全規則に次のように規定されている。

（附属品の管理）
第28条　事業者は、ボイラーの安全弁その他の附属品の管理について、次の事項を行なわなければならない。
一　安全弁は、最高使用圧力以下で作動するように調整すること。
二　過熱器用安全弁は、胴の安全弁より先に作動するように調整すること。
三　逃がし管は、凍結しないように保温その他の措置を講ずること。
四　圧力計又は水高計は、使用中その機能を害するような振動を受けることがないようにし、かつ、その内部が凍結し、又は80度以上の温度にならない措置を講ずること。
五　圧力計又は水高計の目もりには、当該ボイラーの最高使用圧力を示す位置に、見やすい表示をすること。
六　蒸気ボイラーの常用水位は、ガラス水面計又はこれに接近した位置に、現在水位と比較することができるように表示すること。
七　燃焼ガスに触れる給水管、吹出管及び水面測定装置の連絡管は、耐熱材料で防護すること。
八　温水ボイラーの返り管については、凍結しないように保温その他の措置を講ずること。

安全弁の作動は、過熱器はボイラー本体より先、エコノマイザはボイラー本体より後だ。要するに、過熱器⇒ボイラー本体⇒エコノマイザの順だ。
また、凍結防止のために保温が必要なのは、逃がし管と返り管だ。そして、蒸気ボイラーの常用水位は現在水位と比較するんだ。

ボイラー又は煙道の内部に入るときの措置

ボイラー又は煙道の内部に入るときの措置について、ボイラー及び圧力容器安全規則に次のように規定されている。

（ボイラー又は煙道の内部に入るときの措置）
第34条　事業者は、労働者がそうじ、修繕等のためボイラー（燃焼室を含む。以下この条において同じ。）又は煙道の内部に入るときは、次の事項を行なわなければならない。
一　ボイラー又は煙道を冷却すること。
二　ボイラー又は煙道の内部の換気を行なうこと。
三　ボイラー又は煙道の内部で使用する移動電線は、キャブタイヤケーブル又はこれと同等以上の絶縁効力及び強度を有するものを使用させ、かつ、移動電灯は、ガードを有するものを使用させること。
四　使用中の他のボイラーとの管連絡を確実にしや断すること。

移動電線とは、延長コードなどのように移動させながら使用する電線だ。移動電灯とは、投光器やハンドランプなど、移動させることができる電灯のことである。キャブタイヤケーブルとは、丈夫で曲げやすい素材で作られているケーブルで、移動電線などに用いられるものだ。

Step 3 暗記 何度も読み返せ！

ボイラー室の構造

- □ 伝熱面積3m²を超えるボイラーは、ボイラー室に設置。
- □ ボイラー室には、2以上の出入口。
- □ ボイラーからの距離は、上部は1.2m以上、側部は0.45m以上。
- □ 金属製の煙突等から0.15m以内にある可燃物は、金属以外の不燃材で被覆。
- □ 燃料は、ボイラーの外側から2m（固体燃料は1.2m）以上離す。
- □ 爆発戸の位置が作業場所から2m以内にあるときは、爆発ガスを安全な方向へ分散させる装置を設ける。

ボイラー室の管理

- □ 関係者以外立入禁止と見やすい箇所に掲示。
- □ 引火しやすい物を持ち込ませない。
- □ 水面計のガラス管、ガスケット他、必要な予備品・工具類を備えておく。
- □ 検査証・取扱作業主任者の資格及び氏名をボイラー室に掲示。
- □ 移動式ボイラーは、検査証又はその写を取扱作業主任者に所持させる。
- □ れんがの割れや、れんが積みのすき間は、すみやかに補修。

附属品の管理

- □ 安全弁は、最高使用圧力以下で作動するように調整。
- □ 過熱器用安全弁は、胴の安全弁より先に作動。
- □ 逃がし管は、凍結しないように保温その他の措置。
- □ 圧力計又は水高計は、振動を受けることがないようにし、かつ、凍結し、又は80℃以上の温度にならない措置。
- □ 圧力計又は水高計の目もりには、最高使用圧力を示す位置に表示。

- □ 蒸気ボイラーの常用水位は、現在水位と比較することができるように表示。
- □ 燃焼ガスに触れる給水管、吹出し管、連絡管は、耐熱材料で防護。
- □ 温水ボイラーの返り管は、凍結しないように保温その他の措置。

ボイラーまたは煙道の内部に入るとき行うべき措置

- □ 冷却、換気を行なうこと。
- □ 移動電線は、キャブタイヤケーブルと同等以上の絶縁効力及び強度を有するもの。
- □ 移動電灯は、ガードを有するもの。
- □ 使用中の他のボイラーとの管連絡を確実にしゃ断。

重要度：🔥🔥

No. 33 /33

附属品の構造規格

安全弁、圧力計、温度計、水柱管、給水装置、吹出し管などのボイラーの附属品について、ボイラー構造規格に定められた事項について学習しよう。ボイラー構造規格は、鋼製ボイラーと鋳鉄製ボイラーに分けて規格されている。

Step1 図解 目に焼き付けろ！

水柱管と連絡管

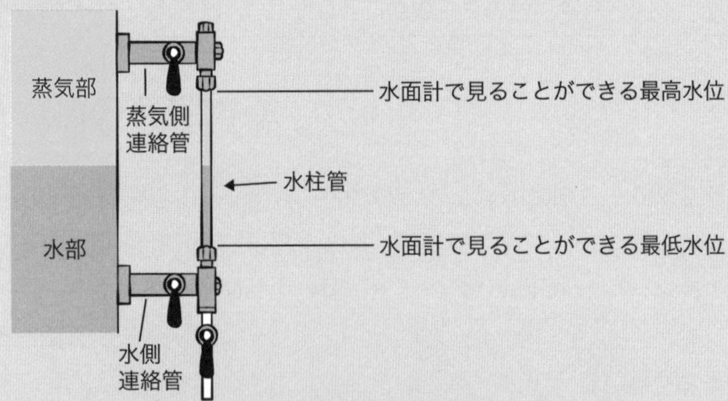

水側連絡管は、水面計で見ることができる最低水位より上であってはならない。
蒸気側連絡管は、水面計で見ることができる最高水位より下であってはならない。

要するに、「水側連絡管は、水面計の最低水位より下でなければならない。蒸気側連絡管は、水面計の最高水位より上でなければならない。」ということだ。図で理解して、言葉の表現に惑わされないようにしよう。

Step2 解説 爆裂に読み込め！

安全弁、2つ以上あれば、より安全

安全弁

安全弁について、ボイラー構造規格に次のように定められている。

（安全弁）
第62条　蒸気ボイラーには、内部の圧力を最高使用圧力以下に保持することができる安全弁を2個以上備えなければならない。ただし、伝熱面積50m^{2}以下の蒸気ボイラーにあっては、安全弁を1個とすることができる。
2　安全弁は、ボイラー本体の容易に検査できる位置に直接取り付け、かつ、弁軸を鉛直にしなければならない。
3　引火性蒸気を発生する蒸気ボイラーにあっては、安全弁を密閉式の構造とするか、又は安全弁からの排気をボイラー室外の安全な場所へ導くようにしなければならない。

安全弁については、要するにこういうことだ。

- 蒸気ボイラーには安全弁を2個以上備えよ。ただし、伝熱面積50m^{2}以下は1個でもいいよ。
- 安全弁は、検査できるところに、ボイラー本体に直接、縦にまっすぐ取り付けよ。

（過熱器の安全弁）
第63条　過熱器には、過熱器の出口付近に過熱器の温度を設計温度以下に保持することができる安全弁を備えなければならない。
2　貫流ボイラーにあっては、前条第2項の規定にかかわらず、当該ボイラーの最大蒸発量以上の吹出し量の安全弁を過熱器の出口付近に取り付けることができる。

安全弁は、ボイラー本体に直接取り付けないといかんのだが、貫流ボイラーは、配管だけで構成されているので、貫流ボイラーの場合は、安全弁を過熱器の出口に取り付けてもいいよ、ということだ。

（温水ボイラーの逃がし弁又は安全弁）
第65条　水の温度が120度以下の温水ボイラーには、圧力が最高使用圧力に達すると直ちに作用し、かつ、内部の圧力を最高使用圧力以下に保持することができる逃がし弁を備えなければならない。ただし、水の温度が120度以下の温水ボイラーであって、容易に検査ができる位置に内部の圧力を最高使用圧力以下に保持することができる逃がし管を備えたものについては、この限りでない。
2　水の温度が120度を超える温水ボイラーには、内部の圧力を最高使用圧力以下に保持することができる安全弁を備えなければならない。

120℃以下は逃がし弁または逃がし管、120℃超は安全弁を備えよ。安全弁も逃がし弁も基本構造はほとんど変わらないが、蒸気などの気体に用いられるものが安全弁、温水などの液体に用いられるものが逃がし弁と、理解しておこう。

圧力計、水高計

水高計とは、温水の圧力を計測する計器で、蒸気ボイラーの圧力計に相当するものである。

圧力計、水高計について、ボイラー構造規格に次のように定められている。

(圧力計)
第66条　蒸気ボイラーの蒸気部、水柱管又は水柱管に至る蒸気側連絡管には、次の各号に定めるところにより、圧力計を取り付けなければならない。
　一　蒸気が直接圧力計に入らないようにすること。
　二　コック又は弁の開閉状況を容易に知ることができること。
　三　圧力計への連絡管は、容易に閉そくしない構造であること。
　四　圧力計の目盛盤の最大指度は、最高使用圧力の1.5倍以上3倍以下の圧力を示す指度とすること。
　五　圧力計の目盛盤の径は、目盛りを確実に確認できるものであること。
(温水ボイラーの水高計)
第67条　温水ボイラーには、次の各号に定めるところにより、ボイラー本体又は温水の出口付近に水高計を取り付けなければならない。ただし、水高計に代えて圧力計を取り付けることができる。
　一　コック又は弁の開閉状況を容易に知ることができること。
　二　水高計の目盛盤の最大指度は、最高使用圧力の1.5倍以上3倍以下の圧力を示す指度とすること。

圧力計、水高計については、要するにこういうことだ。

- 圧力計は、蒸気が圧力計に入らないようにせよ。
- 圧力計も水高計も、コック、弁の開閉状況がわかるようにせよ。
- 圧力計の連絡管は、閉そくしない構造にせよ。
- 圧力計も水高計も、目盛盤は、最高使用圧力の1.5倍以上3倍以下を示す最大指度とせよ。
- 圧力計の目盛盤の径は、目盛りを確実に確認できるものとせよ。

温度計

温度計について、ボイラー構造規格に次のように定められている。

（温度計）
第68条　蒸気ボイラーには、過熱器の出口付近における蒸気の温度を表示する温度計を取り付けなければならない。
2　温水ボイラーには、ボイラーの出口付近における温水の温度を表示する温度計を取り付けなければならない。

温度計に関する本条は、鋳鉄製ボイラーにも準用されている。すなわち、鋳鉄製ボイラーについても、上記の条文に従って、温度計を取り付けなければならない。

水柱管との連絡管

水柱管との連絡管について、ボイラー構造規格に次のように定められている。

（水柱管との連絡管）
第71条　水柱管とボイラーとを結ぶ連絡管は、容易に閉そくしない構造とし、かつ、水側連絡管及び水柱管は、容易に内部の掃除ができる構造としなければならない。
2　水側連絡管は、管の途中に中高又は中低のない構造とし、かつ、これを水柱管又はボイラーに取り付ける口は、水面計で見ることができる最低水位より上であってはならない。
3　蒸気側連絡管は、管の途中にドレンのたまる部分がない構造とし、かつ、これを水柱管及びボイラーに取り付ける口は、水面計で見ることができる最高水位より下であってはならない。
4　前三項の規定は、水面計に連絡管を取り付ける場合について準用する。

水柱管との連絡管については、要するにこういうことだ。

- 水柱管と連絡管は、閉そくしない構造にせよ。
- 水側連絡管と水柱管は、掃除ができる構造にせよ。
- 水側連絡管は、途中で高くなったり低くなったりせず、まっすぐな構造にせよ。

- 水側連絡管の取付け位置は、最低水位より上ではダメで、下でなければならない。
- 蒸気側連絡管は、途中にドレンのたまらない構造とせよ。
- 蒸気側連絡管の取付け位置は、最高水位より下ではダメで、上でなければならない。

給水装置

給水装置について、ボイラー構造規格に次のように定められている。

（給水装置）
第73条　蒸気ボイラーには、最大蒸発量以上を給水することができる給水装置を備えなければならない。
（近接した2以上の蒸気ボイラーの特例）
第74条　近接した2以上の蒸気ボイラーを結合して使用する場合には、当該結合して使用する蒸気ボイラーを1の蒸気ボイラーとみなして前条の規定を適用する。
（給水弁と逆止め弁）
第75条　給水装置の給水管には、蒸気ボイラーに近接した位置に、給水弁及び逆止め弁を取り付けなければならない。ただし、貫流ボイラー及び最高使用圧力0.1MPa未満の蒸気ボイラーにあっては、給水弁のみとすることができる。
（給水内管）
第76条　給水内管は、取外しができる構造のものでなければならない。

給水装置については、要するにこういうことだ。

- 蒸気ボイラーには、最大蒸発量以上の給水ができる給水装置を備えよ。
- 蒸気ボイラーを結合する場合は1つの蒸気ボイラーとみなして、最大蒸発量以上の給水ができる給水装置を備えよ。
- 給水装置の給水管には、蒸気ボイラーの近くに、給水弁と逆止め弁を取り付けよ。ただし、貫流ボイラーと最高使用圧力0.1MPa未満の蒸気ボイラーの場合は、給水弁だけでいいよ。取り付けなくてもよいのは逆止め弁だ。給水弁は必要だ。
- 給水内管は、取外しできる構造とせよ。給水内管とは、ボイラーに給水するためにボイラー内部に設けられるパイプで、水を出す小さな穴がたくさん空いている。

蒸気止め弁

蒸気止め弁について、ボイラー構造規格に次のように定められている。

> (蒸気止め弁)
> 第77条　蒸気止め弁は、当該蒸気止め弁を取り付ける蒸気ボイラーの最高使用圧力及び最高蒸気温度に耐えるものでなければならない。
> 2　ドレンがたまる位置に蒸気止め弁を設ける場合には、ドレン抜きを備えなければならない。
> 3　過熱器には、ドレン抜きを備えなければならない。

吹出し管、吹出し弁

吹出し管、吹出し弁について、ボイラー構造規格に次のように定められている。

> (吹出し管及び吹出し弁の大きさと数)
> 第78条　蒸気ボイラー（貫流ボイラーを除く。）には、スケールその他の沈殿物を排出することができる吹出し管であって吹出し弁又は吹出しコックを取り付けたものを備えなければならない。
> 2　最高使用圧力1MPa以上の蒸気ボイラー（移動式ボイラーを除く。）の吹出し管には、吹出し弁を2個以上又は吹出し弁と吹出しコックをそれぞれ1個以上直列に取り付けなければならない。
> 3　2以上の蒸気ボイラーの吹出し管は、ボイラーごとにそれぞれ独立していなければならない。

貫流ボイラーには、吹出し管を備える必要はないぞ。
そして、最高使用圧力1MPa以上の蒸気ボイラーの吹出し管には、次のように弁、コックを取り付けよ。
・吹出し弁を2個以上、直列
・吹出し弁1個以上、吹出しコック1個以上、直列
なお、コックだけで直列2個以上はダメだ。

自動給水調整装置

自動給水調整装置について、ボイラー構造規格に次のように定められている。

（自動給水調整装置等）
第84条　自動給水調整装置は、蒸気ボイラーごとに設けなければならない。
2　自動給水調整装置を有する蒸気ボイラー（貫流ボイラーを除く。）には、当該ボイラーごとに、起動時に水位が安全低水面以下である場合及び運転時に水位が安全低水面以下になった場合に、自動的に燃料の供給を遮断する装置（第4項及び第97条第一項において「低水位燃料遮断装置」という。）を設けなければならない。
3　貫流ボイラーには、当該ボイラーごとに、起動時にボイラー水が不足している場合及び運転時にボイラー水が不足した場合に、自動的に燃料の供給を遮断する装置又はこれに代わる安全装置を設けなければならない。
4　第二項の規定にかかわらず、次の各号のいずれかに該当する場合には、低水位警報装置（水位が安全低水面以下の場合に、警報を発する装置をいう。）をもって低水位燃料遮断装置に代えることができる。
一　燃料の性質又は燃焼装置の構造により、緊急遮断が不可能なもの
二　ボイラーの使用条件によりボイラーの運転を緊急停止することが適さないもの

自動給水調整装置については、要するにこういうことだ。

- 自動給水調整装置は、蒸気ボイラーごとに設けよ。
- 貫流ボイラー以外の自動給水調整装置を有する蒸気ボイラーには、ボイラーごとに低水位燃料遮断装置を設けよ。
- 貫流ボイラーには、ボイラーごとに、起動時・運転時にボイラー水が不足したときに、自動燃料遮断装置等を設けよ。
- 緊急遮断が不可能なもの、緊急停止することが不適当なものは、低水位燃料遮断装置じゃなくて、低水位警報装置でもいいよ。

➔ 鋳鉄製ボイラーの温水温度自動制御装置、給水管の取付け

鋳鉄製ボイラーの温水温度自動制御装置、給水管の取付けについて、ボイラー構造規格に次のように定められている。

> (温水温度自動制御装置)
> 第98条　温水ボイラーで圧力が0.3MPaを超えるものには、温水温度が120度を超えないように温水温度自動制御装置を設けなければならない。
> (圧力を有する水源からの給水)
> 第100条　給水が水道その他圧力を有する水源から供給される場合には、当該水源に係る管を返り管に取り付けなければならない。

鋳鉄製ボイラーの温水温度自動制御装置、給水管の取付けについては、要するにこういうことだ。

- 鋳鉄製の温水ボイラーで圧力が0.3MPaを超えるものには、温水温度が120度を超えないよう温水温度自動制御装置を設けよ。
- 鋳鉄製ボイラーの給水管は、返り管に取り付けよ。ゆめゆめ、ボイラー本体に取り付けてはならん。

硬くて脆い鋳鉄製ボイラーに、運転中、直接、冷たい水を給水すると、ボイラー本体が割れるおそれがある。だから、給水管は返り管に取り付けよ、ということだ。
それは、冷たい給水が返り管の温かいドレン水と混ざってからボイラーに入れば、急冷されないからだよ。

Step 3 暗記 何度も読み返せ！

安全弁

- □ 蒸気ボイラーの安全弁は2個以上。伝熱面積50m²以下は1個でも可。
- □ 安全弁は、ボイラー本体の検査できる位置に直接、弁軸を鉛直に取付ける。
- □ 過熱器には、過熱器の出口付近に安全弁。
- □ 貫流ボイラーは、安全弁を過熱器の出口付近に取り付けることができる。
- □ 温度120度以下の温水ボイラーには、逃がし弁または逃がし管を備える。
- □ 温度120度を超える温水ボイラーには、安全弁を備える。

圧力計

- □ 蒸気が直接圧力計に入らないようにする。
- □ コック又は弁の開閉状況を容易に知ることができる。
- □ 連絡管は、容易に閉そくしない構造。
- □ 最大指度は、最高使用圧力の1.5倍以上3倍以下の圧力を示す指度とする。
- □ 目盛盤の径は、目盛りを確実に確認できるものにする。

水柱管との連絡管

- □ 水柱管、連絡管は、閉そくしない構造とする。
- □ 水側連絡管、水柱管は、掃除ができる構造とする。
- □ 水側連絡管は、管の途中に中高または中低のない構造とし、水面計で見ることができる最低水位より上であってはならない。
- □ 蒸気側連絡管は、管の途中にドレンのたまる部分がない構造とし、水面計で見ることができる最高水位より下であってはならない。

給水装置

- □ 蒸気ボイラーには、最大蒸発量以上を給水できる給水装置を備える。
- □ 給水内管は、取外しができる構造とする。

蒸気止め弁

- □ 蒸気止め弁は、最高使用圧力及び最高蒸気温度に耐えること。
- □ ドレンがたまる位置に蒸気止め弁を設ける場合には、ドレン抜きを備える。
- □ 過熱器には、ドレン抜きを備える。

吹出し管及び吹出し弁の大きさと数

- □ 蒸気ボイラー（貫流ボイラーを除く）には、吹出し弁、吹出しコックを取り付けた吹出し管を備える。
- □ 2以上の蒸気ボイラーの吹出し管は、ボイラーごとにそれぞれ独立。

自動給水調整装置等

- □ 自動給水調整装置は、蒸気ボイラーごとに設ける。
- □ 自動給水調整装置を有する蒸気ボイラー（貫流ボイラーを除く）には、ボイラーごとに、低水位燃料遮断装置を設ける。
- □ 貫流ボイラーには、ボイラーごとに、起動時・運転時にボイラー水が不足した場合に、自動的に燃料の供給を遮断する装置を設ける。
- □ 緊急遮断が不可能なもの、緊急停止することが適さないものは、低水位燃料遮断装置に代えて低水位警報装置でもよい。

鋳鉄製ボイラー

- □ 温水ボイラーで圧力が 0.3MPaを超えるものには、温水温度が120度を超えないように温水温度自動制御装置を設ける。
- □ 給水管は、返り管に取り付けなければならない。

燃えろ! 演習問題

本章で学んだことを復習だ！　分からない問題は、テキストに戻って確認するんだ！　分からないままで終わらせるなよ！！

01 2級ボイラー技士は、伝熱面積25m^{2}未満のボイラーの取扱い作業主任者に選任できる。

02 伝熱面積の合計について、貫流ボイラーは伝熱面積に1/5を乗じた値で算定する。

03 伝熱面積の合計について、廃熱ボイラーは伝熱面積に1/10を乗じた値で算定する。

04 常用圧力をこえて圧力を上昇させないことが、ボイラー取扱作業主任者の職務として規定されている。

05 1週に1回以上水面測定装置の機能を点検することが、ボイラー取扱作業主任者の職務として規定されている。

06 毎日、吹出しを行ない、ボイラー水の濃縮を防ぐことが、ボイラー取扱作業主任者の職務として規定されている。

07 給水装置の機能の保持に努めることが、ボイラー取扱作業主任者の職務として規定されている。

08 低水位燃焼しゃ断装置、火炎検出装置その他の自動制御装置を点検し、及び調整することが、ボイラー取扱作業主任者の職務として規定されている。

09 ボイラーについて異状を認めたときは、直ちに必要な措置を講じることは、ボイラー取扱作業主任者の職務として規定されていない。

10 排出される二酸化炭素の測定濃度及びボイラー取扱い中における異常の有無を記録することは、ボイラー取扱作業主任者の職務として規定されている。

11 移動式ボイラー及び屋外式ボイラーを除く伝熱面積3m^{2}を超えるボイラーは、専用の建物又は障壁で区画されたボイラー室に設置しなければならない。

12 ボイラー室には、緊急時に確実に避難できるように、3つ以上の出入口を設けなければならない。

13 ボイラーの最上部から天井、配管その他のボイラーの上部にある構造物までの距離を、1.5m以上としなければならない。

🔥14 ボイラーの外壁から壁、配管その他のボイラーの側部にある構造物（検査及びそうじに支障のない物を除く。）までの距離を0.5m以上としなければならない。

🔥15 ボイラー、ボイラーに附設された金属製の煙突又は煙道の外側から0.15m以内にある可燃性の物については、金属の不燃性の材料で被覆しなければならない。

🔥16 ボイラー室その他のボイラー設置場所に液体燃料を貯蔵するときは、ボイラーの外側から2m以上離しておかなければならない。

🔥17 ボイラー室その他のボイラー設置場所に石炭を貯蔵するときは、ボイラーの外側から1.0m以上離しておかなければならない。

🔥18 ボイラーに設けられた爆発戸の位置がボイラー技士の作業場所から3m以内にあるときは、当該ボイラーに爆発ガスを安全な方向へ分散させる装置を設けなければならない。

🔥19 ボイラー室その他のボイラー設置場所には、関係者以外の者がみだりに接近することを禁止し、かつ、その旨を見やすい箇所に掲示すること。

🔥20 ボイラー室には、いかなる場合でも、引火しやすい物を持ち込ませないこと。

🔥21 ボイラー室には、水面計のガラス管、ガスケットその他の必要な予備品及び修繕用工具類を備えておくこと。

🔥22 定期自主検査の記録並びにボイラー取扱作業主任者の資格及び氏名をボイラー室その他のボイラー設置場所の見やすい箇所に掲示すること。

🔥23 移動式ボイラーにあっては、車検証又はその写をボイラー取扱作業主任者に所持させること。

🔥24 安全弁は、最高使用圧力以上で作動するように調整すること。

🔥25 過熱器用安全弁は、胴の安全弁より先に作動するように調整すること。

🔥26 逃がし管は、凍結しないように保温その他の措置を講ずること。

🔥27 圧力計又は水高計は、使用中その機能を害するような振動を受けることがないようにし、かつ、その内部が凍結し、又は90度以上の温度にならない措置を講ずること。

🔥28 圧力計又は水高計の目もりには、当該ボイラーの常用圧力を示す位置に、見やすい表示をすること。

29 蒸気ボイラーの常用水位は、ガラス水面計又はこれに接近した位置に、現在水位と比較することができるように表示すること。

30 燃焼ガスに触れる給水管、吹出管及び水面測定装置の連絡管は、耐火材料で防護すること。

31 温水ボイラーの返り管については、火傷しないように保温その他の措置を講ずること。

32 ボイラー又は煙道の内部に入るときは、ボイラー又は煙道を冷却すること。

33 ボイラー又は煙道の内部に入るときは、ボイラー又は煙道の内部を密閉すること。

34 ボイラー又は煙道の内部で使用する移動電線は、絶縁電線又はこれと同等以上の耐熱効力及び強度を有するものを使用させること。

35 ボイラー又は煙道の内部で使用する移動電灯は、ガードを有するものを使用させること。

36 ボイラー又は煙道の内部に入るときは、使用中の他のボイラーとの管連絡を確実に接続すること。

37 蒸気ボイラーには、内部の圧力を最高使用圧力以下に保持することができる安全弁を2個以上備えなければならない。ただし、伝熱面積50m^{2}以下の蒸気ボイラーにあっては、安全弁を1個とすることができる。

38 安全弁は、ボイラー本体の容易に検査できる位置に直接取り付け、かつ、弁軸を水平にしなければならない。

39 引火性蒸気を発生する蒸気ボイラーにあっては、安全弁を開放式の構造とするか、又は安全弁からの排気をボイラー室外の安全な場所へ導くようにしなければならない。

40 過熱器には、過熱器の出口付近に過熱器の温度を設計温度以下に保持することができる安全弁を備えなければならない。

41 貫流ボイラーにあっては、ボイラーの最大蒸発量以上の吹出し量の安全弁を過熱器の出口付近に取り付けることができる。

42 水の温度が120度以下の温水ボイラーには、圧力が最高使用圧力に達すると直ちに作用し、かつ、内部の圧力を最高使用圧力以下に保持することができる逃がし弁を備えなければならない。

43 水の温度が120度を超える温水ボイラーには、内部の圧力を最高使用圧力以下に保持することができる安全弁を備えなければならない。

🔥44 圧力計に蒸気が入るようにすること。

🔥45 圧力計の目盛盤の最大指度は、最高使用圧力の1.5倍以上5倍以下の圧力を示す指度とすること。

🔥46 水側連絡管は、管の途中に中高又は中低のない構造とし、かつ、これを水柱管又はボイラーに取り付ける口は、水面計で見ることができる最低水位より上であってはならない。

🔥47 蒸気側連絡管は、管の途中にドレンのたまる部分がない構造とし、かつ、これを水柱管及びボイラーに取り付ける口は、水面計で見ることができる最高水位より上であってはならない。

🔥48 給水装置の給水管には、蒸気ボイラーに近接した位置に、給水弁及び逆止め弁を取り付けなければならない。ただし、貫流ボイラー及び最高使用圧力0.1MPa未満の蒸気ボイラーにあっては、給水弁のみとすることができる。

🔥49 最高使用圧力2MPa以上の蒸気ボイラー（移動式ボイラーを除く。）の吹出し管には、吹出し弁を2個以上又は吹出し弁と吹出しコックをそれぞれ1個以上直列に取り付けなければならない。

🔥50 鋳鉄製温水ボイラーで圧力が0.2MPaを超えるものには、温水温度が120度を超えないように温水温度自動制御装置を設けなければならない。

解答・解説

🔥01 ○ →テーマ31

🔥02 × →テーマ31

伝熱面積の合計について、貫流ボイラーは伝熱面積に1/10を乗じた値で算定する。

🔥03 × →テーマ31

伝熱面積の合計について、廃熱ボイラーは伝熱面積に1/2を乗じた値で算定する。

🔥04 × →テーマ31

最高使用圧力をこえて圧力を上昇させないことが、ボイラー取扱作業主任者の職務として規定されている。

🔥05 × →テーマ31

1日に1回以上水面測定装置の機能を点検することが、ボイラー取扱作業主任者の職務として規定されている。

06 × →テーマ31

適宜、吹出しを行ない、ボイラー水の濃縮を防ぐことが、ボイラー取扱作業主任者の職務として規定されている。

07 ○ →テーマ31

08 ○ →テーマ31

09 × →テーマ31

ボイラーについて異状を認めたときは、直ちに必要な措置を講じることが、ボイラー取扱作業主任者の職務として規定されている。

10 × →テーマ31

排出されるばい煙の測定濃度及びボイラー取扱い中における異常の有無を記録することは、ボイラー取扱作業主任者の職務として規定されている。

11 ○ →テーマ32

12 × →テーマ32

ボイラー室には、緊急時に確実に避難できるように、2つ以上の出入口を設けなければならない。

13 × →テーマ32

ボイラーの最上部から天井、配管その他のボイラーの上部にある構造物までの距離を、1.2m以上としなければならない。

14 × →テーマ32

ボイラーの外壁から壁、配管その他のボイラーの側部にある構造物（検査及びそうじに支障のない物を除く。）までの距離を0.45m以上としなければならない。

15 × →テーマ32

ボイラー、ボイラーに附設された金属製の煙突又は煙道の外側から0.15m以内にある可燃性の物については、金属以外の不燃性の材料で被覆しなければならない。

16 ○ →テーマ32

17 × →テーマ32

ボイラー室その他のボイラー設置場所に石炭を貯蔵するときは、ボイラーの外側から1.2m以上離しておかなければならない。

18 × →テーマ32

ボイラーに設けられた爆発戸の位置がボイラー技士の作業場所から2m以内にあるときは、当該ボイラーに爆発ガスを安全な方向へ分散させる装置を設けなければならない。

19 × ボイラー室その他のボイラー設置場所には、関係者以外の者がみだりに立ち入ることを禁止し、かつ、その旨を見やすい箇所に掲示すること。

20 × →テーマ32

ボイラー室には、必要がある場合のほか、引火しやすい物を持ち込ませないこと。

21 ○ →テーマ32

22 × →テーマ32

ボイラー検査証並びにボイラー取扱作業主任者の資格及び氏名をボイラー室その他のボイラー設置場所の見やすい箇所に掲示すること。

23 × →テーマ32

移動式ボイラーにあっては、ボイラー検査証又はその写をボイラー取扱作業主任者に所持させること。

24 × →テーマ32

安全弁は、最高使用圧力以下で作動するように調整すること。

25 ○ →テーマ32

26 ○ →テーマ32

27 × →テーマ32

圧力計又は水高計は、使用中その機能を害するような振動を受けることがないようにし、かつ、その内部が凍結し、又は80度以上の温度にならない措置を講ずること。

28 × →テーマ32

圧力計又は水高計の目もりには、当該ボイラーの最高使用圧力を示す位置に、見やすい表示をすること。

29 ○ →テーマ32

30 × →テーマ32

燃焼ガスに触れる給水管、吹出管及び水面測定装置の連絡管は、耐熱材料で防護すること。

31 × →テーマ32

温水ボイラーの返り管については、凍結しないように保温その他の措置を講ずること。

32 ○ →テーマ32

33 × →テーマ32

ボイラー又は煙道の内部に入るときは、ボイラー又は煙道の内部の換気を行なうこと。

34 × →テーマ32

ボイラー又は煙道の内部で使用する移動電線は、キャブタイヤケーブル又はこれと同等以上の絶縁効力及び強度を有するものを使用させること。

35 ○ →テーマ32

36 × →テーマ32

ボイラー又は煙道の内部に入るときは、使用中の他のボイラーとの管連絡を確実にしゃ断すること。

37 ○ →テーマ33

38 × →テーマ33

安全弁は、ボイラー本体の容易に検査できる位置に直接取り付け、かつ、弁軸を鉛直にしなければならない。

39 × →テーマ33

引火性蒸気を発生する蒸気ボイラーにあっては、安全弁を密閉式の構造とするか、又は安全弁からの排気をボイラー室外の安全な場所へ導くようにしなければならない。

40 ○ →テーマ33

41 ○ →テーマ33

42 ○ →テーマ33

43 ○ →テーマ33

44 × →テーマ33

蒸気が直接圧力計に入らないようにすること。

45 × →テーマ33

圧力計の目盛盤の最大指度は、最高使用圧力の1.5倍以上3倍以下の圧力を示す指度とすること。

46 ○ →テーマ33

47 × →テーマ33

蒸気側連絡管は、管の途中にドレンのたまる部分がない構造とし、かつ、これを水柱管及びボイラーに取り付ける口は、水面計で見ることができる最高水位より下であってはならない。

48 ○ →テーマ33

49 × →テーマ33

最高使用圧力1MPa以上の蒸気ボイラー（移動式ボイラーを除く。）の吹出し管には、吹出し弁を2個以上又は吹出し弁と吹出しコックをそれぞれ1個以上直列に取り付けなければならない。

50 × →テーマ33

鋳鉄製温水ボイラーで圧力が0.3MPaを超えるものには、温水温度が120度を超えないように温水温度自動制御装置を設けなければならない。

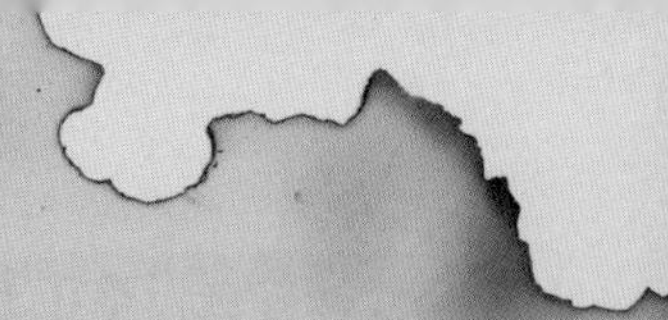

模擬問題

➔ 模擬問題 第1回　制限時間：3時間

〔ボイラーの構造に関する知識〕

問題1 温度及び圧力について、誤っているものは次のうちどれか。

(1) セルシウス（摂氏）温度は、標準大気圧の下で、水の氷点を0℃、沸点を100℃と定め、この間を100等分したものを1℃としたものである。
(2) セルシウス（摂氏）温度 t ［℃］と絶対温度 T ［K］との間には $t=T+273.15$ の関係がある。
(3) 760mmの高さの水銀柱がその底面に及ぼす圧力を標準大気圧といい、1013hPaに相当する。
(4) 圧力計に表れる圧力をゲージ圧力といい、その値に大気圧を加えたものを絶対圧力という。
(5) 蒸気の重要な諸性質を表示した蒸気表中の圧力は、絶対圧力で示される。

問題2 水管ボイラーについて、誤っているものは次のうちどれか。

(1) 強制循環式水管ボイラーは、ボイラー水の循環経路中に設けたポンプによって、強制的にボイラー水の循環を行わせる。
(2) 二胴形水管ボイラーは、炉壁内面に水管を配した水冷壁と、上下ドラムを連絡する水管群を組み合わせた形式のものが一般的である。
(3) 高圧大容量の水管ボイラーには、炉壁全面が水冷壁で、蒸発部の対流伝熱面が少ない放射形ボイラーが多く用いられる。
(4) 自然循環式水管ボイラーは、高圧になるほど蒸気と水との密度差が大きくなり、ボイラー水の循環力が強くなる。
(5) 水管ボイラーは、給水及びボイラー水の処理に注意を要し、特に高圧ボイラーでは厳密な水管理を行う必要がある。

問題3 ボイラーの水循環について、誤っているものは次のうちどれか。

(1) ボイラー内で、温度が上昇した水及び気泡を含んだ水は上昇し、その後に温度の低い水が下降して、水の循環流ができる。
(2) 丸ボイラーは、伝熱面の多くがボイラー水中に設けられ、水の対流が困難なので、水循環の系路を構成する必要がある。
(3) 水管ボイラーは、水循環を良くするため、水と気泡の混合体が上昇する管と、水が下降する管を区別して設けているものが多い。
(4) 自然循環式水管ボイラーは、高圧になるほど蒸気と水との密度差が小さくなり、循環力が弱くなる。
(5) 水循環が良いと熱が水に十分に伝わり、伝熱面温度は水温に近い温度に保たれる。

問題4 次の文中の [　　] 内に入れるA及びBの語句の組合せとして、正しいものは（1）～（5）のうちどれか。

「暖房用鋳鉄製蒸気ボイラーでは、[A] を循環して使用するが、給水管はボイラーに直接接続しないで [B] に取り付けるハートフォード式連結法が用いられる。」

	A	B
(1)	給水	逃がし管
(2)	蒸気	膨張管
(3)	復水	返り管
(4)	復水	逃がし管
(5)	給水	膨張管

問題5 鋳鉄製ボイラーについて、誤っているものは次のうちどれか。

(1) 蒸気ボイラーの場合、その使用圧力は1MPa以下に限られる。
(2) 暖房用蒸気ボイラーでは、原則として復水を循環使用する。
(3) 暖房用蒸気ボイラーの返り管の取付けには、ハートフォード式連結法が用いられる。
(4) ウェットボトム式は、ボイラー底部にも水を循環させる構造となっている。
(5) 鋼製ボイラーに比べ、腐食には強いが強度は弱い。

問題6 ボイラーに使用するブルドン管圧力計について、誤っているものは次のうちどれか。

(1) ブルドン管は、断面が真円形の管を円弧状に曲げ、その一端を固定し他端を閉じたものである。
(2) 圧力計は、ブルドン管に圧力が加わり管の円弧が広がると、歯付扇形片が動いて小歯車が回転し、指針が圧力を示す。
(3) 圧力計と胴又は蒸気ドラムとの間に水を入れたサイホン管などを取り付け、蒸気がブルドン管に直接入らないようにする。
(4) 圧力計は、原則として、胴又は蒸気ドラムの一番高い位置に取り付ける。
(5) 圧力計のコックは、ハンドルが管軸と同一方向になったときに開くように取り付ける。

問題7 貫流ボイラーについて、誤っているものは次のうちどれか。

(1) 管系だけで構成され、蒸気ドラム及び水ドラムを要しない。
(2) 給水ポンプによって管系の一端から押し込まれた水が、エコノマイザ、蒸発部、過熱部を順次貫流して、他端から所要の過熱蒸気となって取り出される。
(3) 給水は、細い管内でほとんど蒸発するので、水処理を行う必要がない。
(4) 管を自由に配置できるので、全体をコンパクトな構造にすることができる。
(5) 負荷変動によって大きい圧力変動を生じやすいので、給水量及び燃料量に対して応答の速い自動制御装置を必要とする。

問題8 ボイラーの給水系統装置について、誤っているものは次のうちどれか。

(1) ボイラーに給水する遠心ポンプは、多数の羽根を有する羽根車をケーシング内で回転させ、遠心作用により水に水圧及び速度エネルギーを与える。
(2) 遠心ポンプは、案内羽根を有するディフューザポンプと有しない渦巻ポンプに分類される。
(3) 渦流ポンプは、円周流ポンプとも呼ばれているもので、小容量の蒸気ボイラーなどに用いられる。
(4) ボイラー又はエコノマイザの入口近くには、給水弁と給水逆止め弁を設ける。
(5) 給水内管は、一般に長い鋼管に多数の穴を設けたもので、胴又は蒸気ドラム内の安全低水面よりやや上方に取り付ける。

問題9 ボイラーのエコノマイザなどについて、誤っているものは次のうちどれか。

(1) エコノマイザは、煙道ガスの余熱を回収して給水の予熱に利用する装置である。
(2) エコノマイザ管は、エコノマイザに給水するための給水管である。
(3) エコノマイザを設置すると、ボイラー効率を向上させ燃料が節約できる。
(4) エコノマイザを設置すると、通風抵抗が多少増加する。
(5) エコノマイザは、燃料の性状によっては低温腐食を起こすことがある。

問題10 ボイラーに空気予熱器を設置した場合の利点に該当しないものは次のうちどれか。

(1) ボイラー効率が上昇する。
(2) 燃焼状態が良好になる。
(3) 過剰空気量を小さくできる。
(4) 燃焼用空気の温度が上昇し、水分の多い低品位燃料の燃焼に有効である。
(5) 通風抵抗が増加する。

〔ボイラーの取扱いに関する知識〕

問題11 ボイラーのばね安全弁及び逃がし弁の調整及び試験について、誤っているものは次のうちどれか。

(1) 安全弁の調整ボルトを定められた位置に設定した後、ボイラーの圧力をゆっくり上昇させて安全弁を作動させ、吹出し圧力及び吹止まり圧力を確認する。
(2) 安全弁が設定圧力になっても作動しない場合は、直ちにボイラーの圧力を設定圧力の80%程度まで下げ、調整ボルトを締めて再度、試験する。
(3) ボイラー本体に安全弁が2個ある場合は、1個を最高使用圧力以下で先に作動するように調整したときは、他の1個を最高使用圧力の3%増以下で作動するように調整することができる。
(4) エコノマイザの逃がし弁（安全弁）は、ボイラー本体の安全弁より高い圧力に調整する。
(5) 安全弁の手動試験は、最高使用圧力の75%以上の圧力で行う。

問題12 ボイラーのたき始めに、燃焼量を急激に増加させてはならない理由として、誤っているものは次のうちどれか。

(1) ボイラーとれんが積みとの境界面に隙間が生じる原因となるため。
(2) れんが積みの目地に割れが発生する原因となるため。
(3) 火炎の偏流を起こしやすいため。
(4) ボイラー本体の不同膨張を起こすため。
(5) 煙管の取付け部や継手部からボイラー水の漏れが生じる原因となるため。

問題13 単純軟化法によるボイラー補給水の軟化装置について、正しいものは次のうちどれか。

(1) 中和剤により、水中の高いアルカリ分を除去する装置である。
(2) 半透膜により、純水を作るための装置である。
(3) 真空脱気により、水中の二酸化炭素を取り除く装置である。
(4) 高分子気体透過膜により、水中の酸素を取り除く装置である。
(5) 強酸性陽イオン交換樹脂により、水中の硬度成分を樹脂のナトリウムと置換させる装置である。

問題14 ボイラーにおけるキャリオーバの害として、誤っているものは次のうちどれか。

(1) 蒸気の純度を低下させる。
(2) ボイラー水全体が著しく揺動し、水面計の水位が確認しにくくなる。
(3) 自動制御関係の検出端の開口部若しくは連絡配管の閉塞又は機能の障害を起こす。
(4) 水位制御装置が、ボイラー水位が下がったものと認識し、ボイラー水位を上げて高水位になる。
(5) ボイラー水が過熱器に入り、蒸気温度が低下したり、過熱器の汚損や破損を起こす。

問題15 単純軟化法によるボイラー補給水の軟化装置について、誤っているものは次のうちどれか。

(1) 軟化装置は、強酸性陽イオン交換樹脂を充塡したNa塔に補給水を通過させるものである。
(2) 軟化装置は、水中のカルシウムやマグネシウムを除去することができる。
(3) 軟化装置による処理水の残留硬度が貫流点に達したら、通水を始め再生操作を行う。
(4) 軟化装置の強酸性陽イオン交換樹脂の交換能力が低下した場合は、一般に食塩水で再生を行う。
(5) 軟化装置の強酸性陽イオン交換樹脂は、1年に1回程度、鉄分による汚染などを調査し、樹脂の洗浄及び補充を行う。

問題16 ボイラー水位が水面計以下にあると気付いたときの措置に関するAからDまでの記述で、正しいもののみを全て挙げた組合せは、次のうちどれか。

A 燃料の供給を止めて、燃焼を停止する。
B 炉内、煙道の換気を行う。
C 換気が完了したら、煙道ダンパは閉止しておく。
D 炉筒煙管ボイラーでは、水面が煙管のある位置より低下した場合は、徐々に給水を行い煙管を冷却する。

(1) A, B
(2) A, B, C
(3) A, B, D
(4) B, C
(5) C, D

問題17 ボイラーの燃焼安全装置の燃料油用遮断弁のうち、直接開閉形電磁弁の遮断機構の故障の原因となる場合として、適切でないものは次のうちどれか。

(1) 燃料中の異物が弁にかみ込んでいる。
(2) 弁座が変形又は損傷している。
(3) 電磁コイルの絶縁性能が低下している。
(4) バイメタルの接点が損傷している。
(5) ばねが折損している。

問題18 ボイラーのスートブローについて、誤っているものは次のうちどれか。

(1) スートブローは、一箇所に長く吹き付けないようにして行う。
(2) スートブローは、最大負荷よりやや低いところで行う。
(3) スートブローの蒸気には、清浄効果を上げるため、ドレンの混入した密度の高い湿り蒸気を用いる。
(4) スートブローの回数は、燃料の種類、負荷の程度、蒸気温度などに応じて決める。
(5) スートブローを行ったときは、煙道ガスの温度や通風損失を測定して、その効果を確かめる。

問題19 ボイラーのばね安全弁及び逃がし弁の調整及び試験について、誤っているものは次のうちどれか。

(1) 安全弁の調整ボルトを定められた位置に設定した後、ボイラーの圧力をゆっくり上昇させて安全弁を作動させ、吹出し圧力及び吹止まり圧力を確認する。
(2) 安全弁が設定圧力になっても作動しない場合は、直ちにボイラーの圧力を設定圧力の80%程度まで下げ、調整ボルトを緩めて再度、試験する。
(3) ボイラー本体に安全弁が2個ある場合は、1個を最高使用圧力以下で先に作動するように調整したときは、他の1個を最高使用圧力の5%増以下で作動するように調整することができる。
(4) エコノマイザの逃がし弁（安全弁）は、ボイラー本体の安全弁より高い圧力に調整する。
(5) 最高使用圧力の異なるボイラーが連絡している場合、各ボイラーの安全弁は、最高使用圧力の最も低いボイラーを基準に調整する。

問題20 ボイラーの蒸気圧力上昇時の取扱いについて、誤っているものは次のうちどれか。

(1) 点火後は、ボイラー本体に大きな温度差を生じさせないように、かつ、局部的な過熱を生じさせないように時間をかけ、徐々に昇圧する。
(2) ボイラーをたき始めるとボイラー本体の膨張により水位が下がるので、給水を行い常用水位に戻す。
(3) 蒸気が発生し始め、白色の蒸気の放出を確認してから、空気抜弁を閉じる。
(4) 圧力計の指針の動きを注視し、圧力の上昇度合いに応じて燃焼を加減する。
(5) 圧力計の指針の動きが円滑でなく機能の低下のおそれがあるときは、圧力が加わっているときでも圧力計の下部のコックを閉め、予備の圧力計と取り替える。

〔燃料及び燃焼に関する知識〕

問題21 重油の性質について、誤っているものは次のうちどれか。

(1) 重油の密度は、温度が上昇すると減少する。
(2) 密度の小さい重油は、密度の大きい重油より一般に引火点が低い。
(3) 重油の比熱は、温度及び密度によって変わる。
(4) 重油が低温になって凝固するときの最低温度を凝固点という。
(5) 密度の大きい重油は、密度の小さい重油より単位質量当たりの発熱量が小さい。

問題22 燃料の分析及び性質について、誤っているものは次のうちどれか。

(1) 組成を示す場合、通常、液体燃料及び固体燃料には成分分析が、気体燃料には元素分析が用いられる。
(2) 発熱量とは、燃料を完全燃焼させたときに発生する熱量をいう。
(3) 高発熱量は、水蒸気の潜熱を含んだ発熱量で、総発熱量ともいう。
(4) 高発熱量と低発熱量の差は、燃料に含まれる水素及び水分の割合によって決まる。
(5) 気体燃料の発熱量の単位は、通常、MJ/m^3 で表す。

問題23 ボイラーにおける燃料の燃焼について、誤っているものは次のうちどれか。

(1) 燃焼には、燃料、空気及び温度の三つの要素が必要である。
(2) 燃料を完全燃焼させるときに、理論上必要な最小の空気量を理論空気量という。
(3) 理論空気量をA_0、実際空気量をA、空気比をmとすると、$A=mA_0$ という関係が成り立つ。
(4) 一定量の燃料を完全燃焼させるときに、燃焼速度が遅いと狭い燃焼室でも良い。
(5) 排ガス熱による熱損失を少なくするためには、空気比を小さくし、かつ、完全燃焼させる。

問題24 石炭について、誤っているものは次のうちどれか。

(1) 石炭に含まれる固定炭素は、石炭化度の進んだものほど少ない。
(2) 石炭に含まれる揮発分は、石炭化度の進んだものほど少ない。
(3) 石炭に含まれる灰分が多くなると、燃焼に悪影響を及ぼす。
(4) 石炭の燃料比は、石炭化度の進んだものほど大きい。
(5) 石炭の単位質量当たりの発熱量は、一般に石炭化度の進んだものほど大きい。

問題25 ボイラーの熱損失に関するAからDまでの記述で、正しいもののみを全て挙げた組合せは、次のうちどれか。

A ボイラーの熱損失には、不完全燃焼ガスによるものがある。
B ボイラーの熱損失には、ドレンや吹出しによるものは含まれない。
C ボイラーの熱損失のうち最大のものは、一般に排ガス熱によるものである。
D 空気比を小さくすると、排ガス熱による熱損失は大きくなる。

(1) A, B, C
(2) A, C
(3) A, C, D
(4) B, D
(5) C, D

問題26 次の文中の [　　] 内に入れるAからCまでの語句の組合せとして、正しいものは（1）～（5）のうちどれか。

「ガンタイプオイルバーナは、[A] と [B] 式バーナとを組み合わせたもので、燃焼量の調節範囲が [C]、オンオフ動作によって自動制御を行っているものが多い。」

	A	B	C
(1)	ファン	圧力噴霧	広く
(2)	ファン	圧力噴霧	狭く
(3)	ファン	空気噴霧	広く
(4)	スタビライザ	空気噴霧	広く
(5)	ノズルチップ	空気噴霧	狭く

問題27 重油燃焼によるボイラー及び附属設備の低温腐食の抑制方法に関するAからDまでの記述で、誤っているもののみを全て挙げた組合せは、次のうちどれか。

A 高空気比で燃焼させ、燃焼ガス中のSO_2からSO_3への転換率を下げる。
B 重油に添加剤を加え、燃焼ガスの露点を上げる。
C 給水温度を上昇させて、エコノマイザの伝熱面の温度を高く保つ。
D 蒸気式空気予熱器を用いて、ガス式空気予熱器の伝熱面の温度が低くなり過ぎないようにする。

(1) A, B
(2) A, B, C
(3) A, B, D
(4) A, D
(5) C, D

問題28 ボイラー用ガスバーナについて、誤っているものは次のうちどれか。

(1) ボイラー用ガスバーナは、ほとんどが拡散燃焼方式を採用している。
(2) 拡散燃焼方式ガスバーナは、空気の流速・旋回強さ、ガスの分散・噴射方法、保炎器の形状などにより、火炎の形状やガスと空気の混合速度を調節する。
(3) マルチスパッドガスバーナは、リング状の管の内側に多数のガス噴射孔を有し、空気流の外側からガスを内側に向かって噴射する。
(4) センタータイプガスバーナは、空気流の中心にガスノズルを有し、先端からガスを放射状に噴射する。
(5) ガンタイプガスバーナは、バーナ、ファン、点火装置、燃焼安全装置、負荷制御装置などを一体化したもので、中・小容量のボイラーに用いられる。

問題29 ボイラーの燃焼における一次空気及び二次空気について、誤っているものは次のうちどれか。

(1) 油・ガスだき燃焼における一次空気は、噴射された燃料の周辺に供給され、初期燃焼を安定させる。
(2) 微粉炭バーナ燃焼における二次空気は、微粉炭と予混合してバーナに送入される。
(3) 火格子燃焼における一次空気は、一般の上向き通風の場合、火格子下から送入される。
(4) 火格子燃焼における二次空気は、燃料層上の可燃性ガスの火炎中に送入される。
(5) 火格子燃焼における一次空気と二次空気の割合は、一次空気が大部分を占める。

問題30 ボイラーの熱損失に関し、次のうち誤っているものはどれか。

(1) ボイラーの熱損失には、排ガス熱によるものがある。
(2) ボイラーの熱損失には、不完全燃焼ガスによるものがある。
(3) ボイラーの熱損失には、ボイラー周壁からの放散熱によるものがある。
(4) ボイラーの熱損失のうち最大のものは、一般に不完全燃焼ガスによるものである。
(5) 空気比を少なくし、かつ、完全燃焼させることにより、排ガス熱による熱損失を小さくできる。

〔関係法令〕

問題31 次の文中の［　　　］内に入れるAの数値及びBの語句の組合せとして、法令に定められているものは（1）～（5）のうちどれか。

「移動式ボイラー、屋外式ボイラー及び小型ボイラーを除き、伝熱面積が［　A　］m^2をこえるボイラーについては、［　B　］又は建物の中の障壁で区画された場所に設置しなければならない。」

	A	B
(1)	3	専用の建物
(2)	3	耐火構造物の建物
(3)	25	密閉された室
(4)	30	耐火構造物の建物
(5)	30	密閉された室

問題32 ボイラー（小型ボイラーを除く。）の次の部分を変更しようとするとき、法令上、ボイラー変更届を所轄労働基準監督署長に提出する必要のないものはどれか。ただし、計画届の免除認定を受けていない場合とする。

(1) 炉筒
(2) 鏡板
(3) 管板
(4) 管寄せ
(5) 煙管

問題33 ボイラー（移動式ボイラー、屋外式ボイラー及び小型ボイラーを除く。）を設置するボイラー室について、法令上、誤っているものは次のうちどれか。

(1) 伝熱面積が3m^2 の蒸気ボイラーは、ボイラー室に設置しなければならない。
(2) ボイラーの最上部から天井、配管その他のボイラーの上部にある構造物までの距離は、原則として、1.2m以上としなければならない。
(3) ボイラー室には、必要がある場合のほか、引火しやすいものを持ち込ませてはならない。
(4) 立てボイラーは、ボイラーの外壁から壁、配管その他のボイラーの側部にある構造物（検査及びそうじに支障のない物を除く。）までの距離を、原則として、0.45m以上としなければならない。
(5) ボイラー室に固体燃料を貯蔵するときは、原則として、これをボイラーの外側から1.2m以上離しておかなければならない。

問題34 法令上、ボイラー（小型ボイラーを除く。）の変更検査を受けなければならない場合は、次のうちどれか。ただし、所轄労働基準監督署長が当該検査の必要がないと認めたボイラーではないものとする。

(1) ボイラーの給水装置に変更を加えたとき。
(2) ボイラーの安全弁に変更を加えたとき。
(3) ボイラーの燃焼装置に変更を加えたとき。
(4) 使用を廃止したボイラーを再び設置しようとするとき。
(5) 構造検査を受けた後、1年以上設置されなかったボイラーを設置しようとするとき。

問題35 ボイラー（小型ボイラーを除く。）の次の部分又は設備を変更しようとするとき、法令上、ボイラー変更届を所轄労働基準監督署長に提出する必要のないものは次のうちどれか。ただし、計画届の免除認定を受けていない場合とする。

(1) 節炭器（エコノマイザ）
(2) 過熱器
(3) ステー
(4) 給水ポンプ
(5) 据付基礎

問題36 ボイラー（小型ボイラーを除く。）の附属品の管理のため行わなければならない事項として、法令に定められていないものは次のうちどれか。

(1) 圧力計の目もりには、ボイラーの常用圧力を示す位置に、見やすい表示をすること。
(2) 蒸気ボイラーの常用水位は、ガラス水面計又はこれに接近した位置に、現在水位と比較することができるように表示すること。
(3) 圧力計は、使用中その機能を害するような振動を受けることがないようにし、かつ、その内部が凍結し、又は80℃以上の温度にならない措置を講ずること。
(4) 燃焼ガスに触れる給水管、吹出管及び水面測定装置の連絡管は、耐熱材料で防護すること。
(5) 逃がし管は、凍結しないように保温その他の措置を講ずること。

問題37 使用を廃止したボイラー（移動式ボイラー及び小型ボイラーを除く。）を再び設置する場合の手続きの順序として、法令上、正しいものは次のうちどれか。ただし、計画届の免除認定を受けていない場合とする。

(1) 使用検査 → 構造検査 → 設置届
(2) 使用検査 → 設置届 → 落成検査
(3) 設置届 → 落成検査 → 使用検査
(4) 溶接検査 → 使用検査 → 落成検査
(5) 溶接検査 → 落成検査 → 設置届

問題38 ボイラー（小型ボイラーを除く。）の定期自主検査について、法令に定められていないものは次のうちどれか。

(1) 定期自主検査は、1か月をこえる期間使用しない場合を除き、1か月以内ごとに1回、定期に、行わなければならない。
(2) 定期自主検査は、大きく分けて、「ボイラー本体」、「灰処理装置」、「自動制御装置」及び「附属装置及び附属品」の4項目について行わなければならない。
(3)「自動制御装置」の電気配線については、端子の異常の有無について点検しなければならない。
(4)「附属装置及び附属品」の給水装置については、損傷の有無及び作動の状態について点検しなければならない。
(5) 定期自主検査を行ったときは、その結果を記録し、これを3年間保存しなければならない。

問題39 ボイラー（移動式ボイラー及び小型ボイラーを除く。）について、次の文中の［　　　］内に入れるAからCまでの語句の組合せとして、法令上、正しいものは（1）～（5）のうちどれか。

「［　A　］並びにボイラー［　B　］の［　C　］及び氏名をボイラー室その他のボイラー設置場所の見やすい箇所に掲示しなければならない。」

	A	B	C
(1)	ボイラー明細書	管理責任者	職名
(2)	ボイラー明細書	取扱作業主任者	所属
(3)	ボイラー検査証	管理責任者	職名
(4)	ボイラー検査証	取扱作業主任者	資格
(5)	最高使用圧力	取扱作業主任者	所属

問題40 ボイラー（小型ボイラーを除く。）について、そうじ、修繕等のためボイラー（燃焼室を含む。）の内部に入るとき行わなければならない措置として、ボイラー及び圧力容器安全規則に定められていないものは次のうちどれか。

(1) ボイラーを冷却すること。
(2) ボイラーの内部の換気を行うこと。
(3) ボイラーの内部で使用する移動電燈は、ガードを有するものを使用させること。
(4) 監視人を配置すること。
(5) 使用中の他のボイラーとの管連絡を確実にしゃ断すること。

模擬問題 第1回 解答解説

〔ボイラーの構造に関する知識〕 →第1科目

問1　正解（2）

（2）セルシウス（摂氏）温度 t ［℃］と絶対温度 T ［K］との間には $\boldsymbol{T=t+273.15}$ の関係がある。

問2　正解（4）

（4）自然循環式水管ボイラーは、高圧になるほど蒸気と水との密度差が**小さく**なり、ボイラー水の循環力が**弱く**なる。

問3　正解（2）

（2）丸ボイラーは、伝熱面の多くがボイラー水中に設けられ、水の対流が**容易**なので、水循環の系路を構成する**必要がない**。

問4　正解（3）

「暖房用鋳鉄製蒸気ボイラーでは、［A　**復水**］を循環して使用するが、給水管はボイラーに直接接続しないで［B　**返り管**］に取り付けるハートフォード式連結法が用いられる。」

問5　正解（1）

蒸気ボイラーの場合、その使用圧力は**0.1MPa以下**に限られる。

問6　正解（1）

（1）ブルドン管は、断面が**だ円形**の管を円弧状に曲げ、その一端を固定し他端を閉じたものである。

問7　正解（3）

（3）給水は、細い管内でほとんど蒸発するので、細い管内に付着物が付着して閉塞しないように、水処理を行う**必要がある。**

問8　正解（5）

（5）給水内管は、一般に長い鋼管に多数の穴を設けたもので、胴又は蒸気ドラム内の安全低水面よりやや**下方**に取り付ける。

問9　正解（2）

（2）エコノマイザ管は、エコノマイザに給水するための給水管ではなく、エコノマイザに使用される**伝熱管**である。

問10　正解（5）

（5）ボイラーに空気予熱器を設置した場合、通風抵抗が増加するが、これは利点ではなく**欠点**である。

〔ボイラーの取扱いに関する知識〕　→第2科目

問11　正解（2）

（2）安全弁が設定圧力になっても作動しない場合は、直ちにボイラーの圧力を設定圧力の80%程度まで下げ、調整ボルトを**緩めて**再度、試験する。

問12　正解（3）

「（3）**火炎の偏流**を起こしやすいため。」は、ボイラーのたき始めに、燃焼量を急激に増加させてはならない**理由に該当しない。**

問13　正解（5）

単純軟化法によるボイラー補給水の軟化装置とは、「（5）強酸性陽イオン交換樹脂により、水中の**硬度成分**を樹脂のナトリウムと置換させる装置である。」

問14　正解（4）

（4）水位制御装置が、ボイラー水位が**上がった**ものと認識し、ボイラー水位を

下げて低水位になる。

問15　正解（3）

（3）軟化装置による処理水の残留硬度が貫流点に達したら、通水を**止め**、再生操作を行う。

問16　正解（1）

ボイラー水位が水面計以下にあると気付いたときの措置は次の通り。

A 燃料の供給を止めて、燃焼を停止する。

B 炉内、煙道の換気を行う。

C 換気が完了したら、煙道ダンパは**開放**しておく。

D 炉筒煙管ボイラーでは、水面が煙管のある位置より低下した場合は、**給水を行わない。**

よって、AとBが正しいので（1）が正解である。

問17　正解（4）

直接開閉形電磁弁の遮断機構の故障の主な原因となる場合は、次のとおりである。

（1）燃料中の異物が弁にかみ込んでいる。

（2）弁座が変形又は損傷している。

（3）電磁コイルの絶縁性能が低下している。

（5）ばねが折損している。

一般的に、電磁弁にはバイメタルは使用されておらず、「（4）**バイメタル**の接点が損傷している。」は、直接開閉形電磁弁の遮断機構の故障の原因に**該当しない**。

問18　正解（3）

（3）スートブローの蒸気には、清浄効果を上げるため、**ドレンの混入していない乾いた蒸気**を用いる。

問19　正解（3）

（3）ボイラー本体に安全弁が2個ある場合は、1個を最高使用圧力以下で先に作動するように調整したときは、他の1個を最高使用圧力の**3%増以下**で作動するように調整することができる。

問20　正解（2）

（2）ボイラーをたき始めるとボイラー本体の膨張により水位が**上がる**ので、**吹出し**を行い常用水位に戻す。

〔燃料及び燃焼に関する知識〕 →第3科目

問21　正解（4）

（4）重油が低温になって凝固するときの**最高**温度を凝固点という。

問22　正解（1）

（1）組成を示す場合、通常、液体燃料及び固体燃料には**元素**分析が、気体燃料には**成分**分析が用いられる。

問23　正解（4）

（4）一定量の燃料を完全燃焼させるときに、燃焼速度が**速い**と狭い燃焼室でも良い。

問24　正解（1）

（1）石炭に含まれる固定炭素は、石炭化度の進んだものほど**多い**。

問25　正解（2）

ボイラーの熱損失に関するAからDまでの正しい記述は次のとおりである。

A ボイラーの熱損失には、不完全燃焼ガスによるものがある。

B ボイラーの熱損失には、ドレンや吹出しによるものも**含まれる**。

C ボイラーの熱損失のうち最大のものは、一般に排ガス熱によるものである。

D 空気比を**大きく**すると、排ガス熱による熱損失は大きくなる。

よって、AとCが正しいので（2）が正解である。

問26　正解（2）

「ガンタイプオイルバーナは、［A　**ファン**］と［B　**圧力噴霧**］式バーナとを組み合わせたもので、燃焼量の調節範囲が［C　**狭く**］、オンオフ動作によって自動制御を行っているものが多い。」

問27　正解（1）

重油燃焼によるボイラー及び附属設備の低温腐食の抑制方法に関するAからDまでの正しい記述は、次のとおりである。

A **低空気比**で燃焼させ、燃焼ガス中のSO_2からSO_3への転換率を下げる。

B 重油に添加剤を加え、燃焼ガスの露点を**下げる**。

C 給水温度を上昇させて、エコノマイザの伝熱面の温度を高く保つ。

D 蒸気式空気予熱器を用いて、ガス式空気予熱器の伝熱面の温度が低くなり過ぎないようにする。

よって、AとBが誤っているので（1）が正解である。

問28　正解（3）

（3）**リングタイプ**ガスバーナは、リング状の管の内側に多数のガス噴射孔を有し、空気流の外側からガスを内側に向かって噴射する。

なお、マルチスパッドガスバーナは、**空気流中に数本のガスノズル**があり、ガスノズルを分割することでガスと空気の混合を促進する。

問29　正解（2）

（2）微粉炭バーナ燃焼における**一次**空気は、微粉炭と予混合してバーナに送入される。

なお、二次空気は、バーナの周囲から噴出する。

問30　正解（4）

（4）ボイラーの熱損失のうち最大のものは、一般に**燃焼ガス（排ガス）**によるものである。

〔関係法令〕 →第4科目

問31 正解（1）

「移動式ボイラー、屋外式ボイラー及び小型ボイラーを除き、伝熱面積が［A **3**］m^2をこえるボイラーについては、［B **専用の建物**］又は建物の中の障壁で区画された場所に設置しなければならない。」

問32 正解（5）

（5）**煙管**は、変更しようとするとき、法令上、**ボイラー変更届**を所轄労働基準監督署長に提出する**必要のない**ものに該当する。

問33 正解（1）

（1）伝熱面積が3m^2を**こえる** の蒸気ボイラーは、ボイラー室に設置しなければならない。

問34 正解（3）

「(3) ボイラーの**燃焼装置に変更**を加えたとき。」は、法令上、ボイラー（小型ボイラーを除く。）の**変更検査を受けなければならない**場合に該当する。

問35 正解（4）

（4）**給水ポンプ**は、ボイラー（小型ボイラーを除く。）の次の部分又は設備を変更しようとするとき、法令上、**ボイラー変更届**を所轄労働基準監督署長に提出する**必要のない**ものに該当する。

問36 正解（1）

（1）圧力計の目もりには、ボイラーの**最高使用圧力**を示す位置に、見やすい表示をすること。

問37 正解（2）

使用を廃止したボイラー（移動式ボイラー及び小型ボイラーを除く。）を再び設置する場合の手続きの順序として、法令上、正しいのは「(2) **使用検査 → 設置届 → 落成検査**」の順である。

問38　正解（2）

（2）定期自主検査は、大きく分けて、「ボイラー本体」、「**燃焼**装置」、「自動制御装置」及び「附属装置及び附属品」の4項目について行わなければならない。

問39　正解（4）

「A　**ボイラー検査証** 並びにボイラー B　**取扱作業主任者** の C　**資格** 及び氏名をボイラー室その他のボイラー設置場所の見やすい箇所に掲示しなければならない。」

問40　正解（4）

「（4）**監視人を配置**すること。」は、ボイラー（小型ボイラーを除く。）について、そうじ、修繕等のためボイラー（燃焼室を含む。）の**内部に入るとき行わなければならない措置**として、ボイラー及び圧力容器安全規則に**定められていない。**

➔ 模擬問題 第2回 制限時間：3時間

〔ボイラーの構造に関する知識〕

問題1 次の文中の［　　］内に入れるAの数値及びBの語句の組合せとして、正しいものは（1）～（5）のうちどれか。

「標準大気圧の下で、質量1kgの水の温度を1K（1℃）だけ高めるために必要な熱量は約［ A ］kJであるから、水の［ B ］は約［ A ］kJ/（kg・K）である。」

	A	B
（1）	2257	潜熱
（2）	420	比熱
（3）	420	潜熱
（4）	4.2	比熱
（5）	4.2	顕熱

問題2 伝熱について、誤っているものは次のうちどれか。

（1）熱貫流は、一般に熱伝達、熱伝導及び放射伝熱が総合されたものである。
（2）伝熱作用は、熱伝導、熱伝達及び放射伝熱の三つに分けることができる。
（3）液体又は気体が固体壁に接触して、固体壁との間で熱が移動する現象を熱伝達という。
（4）温度が一定でない物体の内部で、温度の高い部分から低い部分へ、順次、熱が伝わる現象を熱伝導という。
（5）空間を隔てて相対している物体間に伝わる熱の移動を放射伝熱という。

問題3 ボイラーの鏡板について、誤っているものは次のうちどれか。

(1) 鏡板は、胴又はドラムの両端を覆っている部分をいい、煙管ボイラーのように管を取り付ける鏡板は、特に管板という。
(2) 鏡板は、その形状によって、平鏡板、皿形鏡板、半だ円体形鏡板及び全半球形鏡板に分けられる。
(3) 平鏡板の大径のものや高い圧力を受けるものは、内部の圧力によって生じる曲げ応力に対して、強度を確保するためステーによって補強する。
(4) 皿形鏡板は、球面殻、環状殻及び円筒殻から成っている。
(5) 皿形鏡板は、同材質、同径及び同厚の場合、半だ円体形鏡板に比べて強度が強い。

問題4 ボイラーに空気予熱器を設置した場合の利点として、誤っているものは次のうちどれか。

(1) ボイラー効率が上昇する。
(2) 燃焼状態が良好になる。
(3) 炉内伝熱管の熱吸収量が多くなる。
(4) 水分の多い低品位燃料の燃焼効率が上昇する。
(5) ボイラーへの給水温度が上昇する。

問題5 ボイラー各部の構造及び強さについて、誤っているものは次のうちどれか。

(1) 胴板には、内部の圧力によって引張応力が生じる。
(2) 胴板に生じる応力について、胴の周継手の強さは、長手継手の強さの2倍以上必要である。
(3) だ円形のマンホールを胴に設ける場合には、短径部を胴の軸方向に配置する。
(4) 皿形鏡板は、球面殻、環状殻及び円筒殻から成っている。
(5) 炉筒は、鏡板で拘束されているため、燃焼ガスによって加熱されると炉筒板内部に圧縮応力が生じる。

問題6 ボイラーの送気系統装置について、誤っているものは次のうちどれか。

(1) 主蒸気弁に用いられる玉形弁は、蒸気の流れが弁体内部でS字形になるため抵抗が大きい。
(2) バイパス弁は、発生蒸気の圧力と使用箇所での蒸気圧力の差が大きいとき、又は使用箇所での蒸気圧力を一定に保つときに設ける。
(3) 沸水防止管は、大径のパイプの上面の多数の穴から蒸気を取り入れ、蒸気流の方向を変えることによって水滴を分離するものである。
(4) バケット式蒸気トラップは、ドレンの存在が直接トラップ弁を駆動するので、作動が迅速かつ確実で、信頼性が高い。
(5) 長い主蒸気管の配置に当たっては、温度の変化による伸縮に対応するため、湾曲形、ベローズ形、すべり形などの伸縮継手を設ける。

問題7 ボイラーの給水系統装置について、誤っているものは次のうちどれか。

(1) 渦流ポンプは、円周流ポンプとも呼ばれているもので、小容量の蒸気ボイラーなどに用いられる。
(2) インゼクタは、蒸気の噴射力を利用して給水するものである。
(3) 渦巻ポンプは、羽根車の周辺に案内羽根のある遠心ポンプで、低圧のボイラーに用いられる。
(4) 給水弁と給水逆止め弁をボイラーに取り付ける場合は、ボイラーに近い側に給水弁を取り付ける。
(5) 給水弁には、アングル弁又は玉形弁が用いられる。

問題8 炉筒煙管ボイラーについて、誤っているものは次のうちどれか。

(1) 水管ボイラーに比べ、一般に製作及び取扱いが容易である。
(2) 水管ボイラーに比べ、蒸気使用量の変動による圧力変動が大きい。
(3) 加圧燃焼方式を採用し、燃焼室熱負荷を高くして燃焼効率を高めたものがある。
(4) 戻り燃焼方式を採用し、燃焼効率を高めたものがある。
(5) 煙管には、伝熱効果の大きいスパイラル管を使用しているものが多い。

問題9 ボイラーのシーケンス制御回路に使用される電気部品について、誤っているものは次のうちどれか。

(1) 電磁継電器のブレーク接点（b接点）は、コイルに電流が流れると閉となり、電流が流れないと開となる。
(2) 電磁継電器は、コイルに電流が流れて鉄心が励磁され、吸着片を引き付けることによって接点を切り替える。
(3) 電磁継電器のブレーク接点（b接点）を用いることによって、入力信号に対して出力信号を反転させることができる。
(4) タイマは、適当な時間の遅れをとって接点を開閉するリレーで、シーケンス回路によって行う自動制御回路に多く利用される。
(5) リミットスイッチは、物体の位置を検出し、その位置に応じた制御動作を行うために用いられるもので、マイクロスイッチや近接スイッチがある。

問題10 温水ボイラー及び蒸気ボイラーの附属品について、誤っているものは次のうちどれか。

(1) 水高計は、温水ボイラーの圧力を測る計器であり、蒸気ボイラーの圧力計に相当する。
(2) 温水ボイラーの温度計は、ボイラー水が最高温度となる箇所の見やすい位置に取り付ける。
(3) 温水ボイラーの逃がし管は、ボイラー水の膨張分を逃がすためのもので、高所に設けた開放型膨張タンクに直結させる。
(4) 逃がし弁は、暖房用蒸気ボイラーで、発生蒸気の圧力と使用箇所での蒸気圧力の差が大きいときの調節弁として用いられる。
(5) 凝縮水給水ポンプは、重力還水式の暖房用蒸気ボイラーで、凝縮水をボイラーに押し込むために用いられる。

〔ボイラーの取扱いに関する知識〕

問題11 ボイラー水の吹出しについて、誤っているものは次のうちどれか。

(1) 鋳鉄製蒸気ボイラーの吹出しは、燃焼をしばらく停止して、ボイラー水の一部を入れ替えるときに行う。
(2) 給湯用温水ボイラーの吹出しは、酸化鉄、スラッジなどの沈殿を考慮して、ボイラー休止中に適宜行う。
(3) 水冷壁の吹出しは、スラッジなどの沈殿を考慮して、運転中に適宜行う。
(4) 吹出しを行っている間は、他の作業を行ってはならない。
(5) 吹出し弁が直列に2個設けられている場合は、急開弁を先に開き、次に漸開弁を開いて吹出しを行う。

問題12 ボイラーの水面測定装置の取扱いについて、AからDまでの記述で、正しいもののみを全て挙げた組合せは、次のうちどれか。

A 水面計のドレンコックを開くときは、ハンドルを管軸に対し直角方向にする。
B 水柱管の連絡管の途中にある止め弁は、誤操作を防ぐため、全開にしてハンドルを取り外しておく。
C 水柱管の水側連絡管の取付けは、ボイラーから水柱管に向かって下がり勾配とする。
D 水側連絡管で、煙道内などの燃焼ガスに触れる部分がある場合は、その部分を不燃性材料で防護する。

(1) A、B
(2) A、B、C
(3) A、B、D
(4) B、D
(5) C、D

問題13 ボイラーの運転を停止し、ボイラー水を全部排出する場合の措置として、誤っているものは次のうちどれか。

(1) 運転停止のときは、ボイラーの水位を常用水位に保つように給水を続け、蒸気の送り出し量を徐々に減少させる。
(2) 運転停止のときは、燃料の供給を停止してポストパージが完了し、ファンを停止した後、自然通風の場合はダンパを全開とし、たき口及び空気口を開いて炉内を冷却する。
(3) 運転停止後は、ボイラーの蒸気圧力がないことを確かめた後、給水弁及び蒸気弁を閉じる。
(4) 給水弁及び蒸気弁を閉じた後は、ボイラー内部が負圧にならないように空気抜弁を開いて空気を送り込む。
(5) ボイラー水の排出は、ボイラー水がフラッシュしないように、ボイラー水の温度が90℃以下になってから、吹出し弁を開いて行う。

問題14 ガスだきボイラーの手動操作による点火について、誤っているものは次のうちどれか。

(1) ガス圧力が加わっている継手、コック及び弁は、ガス漏れ検出器の使用又は検出液の塗布によりガス漏れの有無を点検する。
(2) 燃料弁を開いてから点火制限時間内に着火しないときは、直ちに燃料弁を閉じ、炉内を換気する。
(3) 着火後、燃焼が不安定なときは、直ちに燃料の供給を止める。
(4) 通風装置により、炉内及び煙道を十分な空気量でプレパージする。
(5) バーナが上下に2基配置されている場合は、上方のバーナから点火する。

問題15 ボイラーのスートブローについて、誤っているものは次のうちどれか。

(1) スートブローは、主としてボイラーの水管外面などに付着するすすの除去を目的として行う。
(2) スートブローは、燃焼量の低い状態のときに行う。
(3) スートブローの前にはドレンを十分に抜く。
(4) スートブローは、一箇所に長く吹き付けないようにして行う。
(5) スートブローの回数は、燃料の種類、負荷の程度、蒸気温度などに応じて決める。

問題16 ボイラーのばね安全弁に蒸気漏れが生じた場合の措置として、誤っているものは次のうちどれか。

(1) 試験用レバーを動かして、弁の当たりを変えてみる。
(2) 調整ボルトにより、ばねを強く締め付ける。
(3) 弁体と弁座の間に、ごみなどの異物が付着していないか調べる。
(4) 弁体と弁座の中心がずれていないか調べる。
(5) ばねが腐食していないか調べる。

問題17 ボイラーの内面清掃の目的として、適切でないものは次のうちどれか。

(1) 灰の堆積による通風障害を防止する。
(2) スケールやスラッジによる過熱の原因を取り除き、腐食や損傷を防止する。
(3) スケールの付着、腐食の状態などから水管理の良否を判断する。
(4) 穴や管の閉塞による安全装置、自動制御装置などの機能障害を防止する。
(5) ボイラー水の循環障害を防止する。

問題18 ボイラーのたき始めに燃焼量を急激に増加させてはならない理由として、適切なものは次のうちどれか。

(1) 高温腐食を起こさないため。
(2) 局部腐食によるピッチングを発生させないため。
(3) 急熱によるクラックや漏れを発生させないため。
(4) ホーミングを起こさないため。
(5) スートファイヤを起こさないため。

問題19 ボイラーの点火前の点検・準備について、誤っているものは次のうちどれか。

(1) 液体燃料の場合は油タンク内の油量を、ガス燃料の場合にはガス圧力を調べ、適正であることを確認する。
(2) 験水コックがある場合には、水部にあるコックを開けて、水が噴き出すことを確認する。
(3) 圧力計の指針の位置を点検し、残針がある場合は予備の圧力計と取り替える。
(4) 水位を上下して水位検出器の機能を試験し、設定された水位の上限において正確に給水ポンプの起動が行われることを確認する。
(5) 煙道の各ダンパを全開にしてファンを運転し、炉及び煙道内の換気を行う。

問題20 ボイラーのガラス水面計の機能試験を行う時期として、必要性の低い時期は次のうちどれか。

(1) ガラス管の取替えなどの補修を行ったとき。
(2) 2個の水面計の水位に差異がないとき。
(3) 水位の動きが鈍く、正しい水位かどうか疑いがあるとき。
(4) プライミングやホーミングが生じたとき。
(5) 取扱い担当者が交替し、次の者が引き継いだとき。

〔燃料及び燃焼に関する知識〕

問題21 霧化媒体を必要とするボイラーの油バーナは、次のうちどれか。

(1) プランジャ式圧力噴霧バーナ
(2) 蒸気噴霧式バーナ
(3) 戻り油式圧力噴霧バーナ
(4) 回転式バーナ
(5) ガンタイプバーナ

問題22 重油に含まれる成分などによる障害について、誤っているものは次のうちどれか。

(1) 硫黄分は、ボイラーの伝熱面に高温腐食を起こす。
(2) 残留炭素分が多いほど、ばいじん量は増加する。
(3) 水分が多いと、息づき燃焼を起こす。
(4) スラッジは、ポンプ、流量計、バーナチップなどを摩耗させる。
(5) 灰分は、ボイラーの伝熱面に付着し、伝熱を阻害する。

問題23 重油の加熱について、AからDのうち正しいもののみの組合せは次のうちどれか。

A 加熱温度が低すぎると、いきづき燃焼となる。
B 加熱温度が低すぎると、バーナ管内で油が気化し、ベーパロックを起こす。
C 加熱温度が低すぎると、すすが発生する。
D 加熱温度が低すぎると、霧化不良となり、燃焼が不安定となる。

(1) A、B
(2) A、C
(3) B、C
(4) B、D
(5) C、D

問題24 ボイラーの燃料の燃焼により発生するNO_Xの抑制措置として、誤っているものは次のうちどれか。

(1) 燃焼域での酸素濃度を高くする。
(2) 燃焼温度を低くし、特に局所的高温域が生じないようにする。
(3) 高温燃焼域における燃焼ガスの滞留時間を短くする。
(4) 二段燃焼法によって燃焼させる。
(5) 排ガス再循環法によって燃焼させる。

問題25 ボイラー用気体燃料について、誤っているものは次のうちどれか。

(1) 気体燃料は、石炭や液体燃料に比べて成分中の炭素に対する水素の比率が高い。
(2) 都市ガスは、一般に天然ガスを原料としている。
(3) 都市ガスは、液体燃料に比べてNO_XやCO_2の排出量が少なく、SO_Xは排出しない。
(4) LNGは、天然ガスを産地で精製後、−162℃に冷却し液化したものである。
(5) LPGは、漏えいすると上昇して天井近くに滞留しやすい。

問題26 燃料の分析及び性質について、誤っているものは次のうちどれか。

(1) 組成を示す場合、通常、液体燃料及び固体燃料には元素分析が、気体燃料には成分分析が用いられる。
(2) 燃料を空気中で加熱し、他から点火しないで自然に燃え始める最低の温度を、発火温度という。
(3) 発熱量とは、燃料を完全燃焼させたときに発生する熱量である。
(4) 高発熱量は、水蒸気の顕熱を含んだ発熱量で、真発熱量ともいう。
(5) 高発熱量と低発熱量の差は、燃料に含まれる水素及び水分の割合によって決まる。

問題27 ボイラーにおける燃料の燃焼について、誤っているものは次のうちどれか。

(1) 燃焼には、燃料、空気及び温度の三つの要素が必要である。
(2) 燃料を完全燃焼させるときに、理論上必要な最小の空気量を理論空気量という。
(3) 実際空気量は、一般の燃焼では、理論空気量より多い。
(4) 着火性が良く燃焼速度が速い燃料は、完全燃焼させるときに、狭い燃焼室で良い。
(5) 排ガス熱による熱損失を少なくするためには、空気比を大きくして完全燃焼させる。

問題28 石炭について、誤っているものは次のうちどれか。

(1) 石炭に含まれる固定炭素は、石炭化度の進んだものほど多い。
(2) 石炭に含まれる揮発分は、石炭化度の進んだものほど多い。
(3) 石炭に含まれる灰分が多くなると、石炭の発熱量が減少する。
(4) 石炭の燃料比は、石炭化度の進んだものほど大きい。
(5) 石炭の単位質量当たりの発熱量は、一般に石炭化度の進んだものほど大きい。

問題29 ボイラーの通風に関して、誤っているものは次のうちどれか。

(1) 炉及び煙道を通して起こる空気及び燃焼ガスの流れを、通風という。
(2) 煙突によって生じる自然通風力は、煙突内のガスの密度と外気の密度との差に煙突高さを乗じることにより求められる。
(3) 押込通風は、炉内が大気圧以上の圧力となるので、気密が不十分であっても、燃焼ガスが外部へ漏れ出すことはない。
(4) 誘引通風は、比較的高温で体積の大きな燃焼ガスを取り扱うので、大型のファンを必要とする。
(5) 平衡通風は、通風抵抗の大きなボイラーでも強い通風力が得られ、必要な動力は押込通風より大きく、誘引通風より小さい。

問題30 ボイラーの人工通風に用いられるファンについて、誤っているものは次のうちどれか。

(1) 多翼形ファンは、羽根車の外周近くに、浅く幅長で前向きの羽根を多数設けたものである。
(2) 多翼形ファンは、小形で軽量であるが効率が低いため、大きな動力を必要とする。
(3) 後向き形ファンは、羽根車の主板及び側板の間に8～24枚の後向きの羽根を設けたものである。
(4) 後向き形ファンは、形状は大きいが効率が低いため、高温・高圧のものに用いられるが、大容量のものには用いられない。
(5) ラジアル形ファンは、強度が強く、摩耗や腐食にも強い。

〔関係法令〕

問題31 法令上、ボイラーの伝熱面積に算入しない部分は、次のうちどれか。

(1) 管寄せ
(2) 煙管
(3) 水管
(4) 炉筒
(5) 過熱器

問題32 次の文中の［　　］内に入れるA及びBの数値の組合せとして、法令に定められているものは（1）～（5）のうちどれか。

「鋳鉄製温水ボイラー（小型ボイラーを除く。）で圧力が［ A ］MPaを超えるものには、温水温度が［ B ］℃を超えないように温水温度自動制御装置を設けなければならない。」

	A	B
(1)	0.1	100
(2)	0.1	120
(3)	0.3	100
(4)	0.3	120
(5)	0.5	120

問題33 ボイラー（小型ボイラーを除く。）に関する次の文中の［　　］内に入れるA及びBの語句の組合せとして、法令上、正しいものは（1）～（5）のうちどれか。

「所轄労働基準監督署長は、［ A ］に合格したボイラー又は当該検査の必要がないと認めたボイラーについて、ボイラー検査証を交付する。ボイラー検査証の有効期間の更新を受けようとする者は、［ B ］を受けなければならない。」

	A	B
（1）	落成検査	使用検査
（2）	落成検査	性能検査
（3）	構造検査	使用検査
（4）	構造検査	性能検査
（5）	使用検査	性能検査

問題34 法令で定められたボイラー取扱作業主任者の職務として、誤っているものは次のうちどれか。

（1）適宜、吹出しを行い、ボイラー水の濃縮を防ぐこと。
（2）低水位燃焼しゃ断装置、火炎検出装置その他の自動制御装置を点検し、及び調整すること。
（3）1週間に1回以上水面測定装置の機能を点検すること。
（4）最高使用圧力をこえて圧力を上昇させないこと。
（5）給水装置の機能の保持に努めること。

問題35 ボイラー（移動式ボイラー及び小型ボイラーを除く。）に関する次の文中の［　　］内に入れるAからCまでの語句の組合せとして、法令上、正しいものは（1）～（5）のうちどれか。

「ボイラーを設置した者は、所轄労働基準監督署長が検査の必要がないと認めたものを除き、①ボイラー、②ボイラー室、③ボイラー及びその［ A ］の配置状況、④ボイラーの据付基礎並びに燃焼室及び［ B ］の構造について、［ C ］検査を受けなければならない。」

	A	B	C
（1）	自動制御装置	通風装置	落成
（2）	自動制御装置	煙道	使用
（3）	配管	煙道	性能
（4）	配管	煙道	落成
（5）	配管	通風装置	使用

問題36 ボイラーの取扱いの作業について、法令上、ボイラー取扱作業主任者として二級ボイラー技士を選任できるボイラーは、次のうちどれか。ただし、他にボイラーはないものとする。

（1）伝熱面積が25m²の立てボイラー
（2）伝熱面積が25m²の鋳鉄製蒸気ボイラー
（3）伝熱面積が40m²の鋳鉄製温水ボイラー
（4）伝熱面積が240m²の貫流ボイラー
（5）最大電力設備容量が500kWの電気ボイラー

問題37 鋳鉄製温水ボイラー（小型ボイラーを除く。）に取り付けなければならない法令に定められている附属品は、次のうちどれか。

（1）験水コック
（2）ガラス水面計
（3）温度計
（4）吹出し管
（5）水柱管

問題38 鋼製ボイラー（貫流ボイラー及び小型ボイラーを除く。）の安全弁について、法令に定められていないものは次のうちどれか。

（1）安全弁は、ボイラー本体の容易に検査できる位置に直接取り付け、かつ、弁軸を鉛直にしなければならない。
（2）伝熱面積が50m^2を超える蒸気ボイラーには、安全弁を2個以上備えなければならない。
（3）過熱器には、過熱器の出口付近に過熱器の温度を設計温度以下に保持することができる安全弁を備えなければならない。
（4）過熱器用安全弁は、胴の安全弁より先に作動するように調整しなければならない。
（5）水の温度が100℃を超える温水ボイラーには、安全弁を備えなければならない。

問題39 貫流ボイラー（小型ボイラーを除く。）の附属品について、法令に定められていない内容のものは次のうちどれか。

(1) 過熱器には、ドレン抜きを備えなければならない。
(2) ボイラーの最大蒸発量以上の吹出し量の安全弁を、ボイラー本体ではなく過熱器の出口付近に取り付けることができる。
(3) 給水装置の給水管には、逆止め弁を取り付けなければならないが、給水弁は取り付けなくてもよい。
(4) 起動時にボイラー水が不足している場合及び運転時にボイラー水が不足した場合に、自動的に燃料の供給を遮断する装置又はこれに代わる安全装置を設けなければならない。
(5) 吹出し管は、設けなくてもよい。

問題40 次の文中の[　　]内に入れるAの数値及びBの語句の組合せとして、法令上、正しいものは（1）～（5）のうちどれか。

「設置されたボイラー（小型ボイラーを除く。）に関し、事業者に変更があったときは、変更後の事業者は、その変更後[A]日以内に、ボイラー検査証書替申請書に[B]を添えて、所轄労働基準監督署長に提出し、その書替えを受けなければならない。」

	A	B
(1)	10	ボイラー検査証
(2)	10	ボイラー明細書
(3)	14	ボイラー検査証
(4)	30	ボイラー検査証
(5)	30	ボイラー明細書

模擬問題 第2回 解答解説

〔ボイラーの構造に関する知識〕 →第1科目

問1　正解（4）

「標準大気圧の下で、質量1kgの水の温度を1K（1℃）だけ高めるために必要な熱量は約［A **4.2**］kJであるから、水の［B **比熱**］は約［A **4.2**］kJ/(kg・K)である。」

問2　正解（1）

（1）熱貫流は、一般に、**熱伝達及び熱伝導**が総合されたものである。

問3　正解（5）

（5）皿形鏡板は、同材質、同径及び同厚の場合、半だ円体形鏡板に比べて強度が**弱い**。

問4　正解（5）

空気予熱器を設置するとボイラーへの**空気**温度が上昇する。「（5）ボイラーへの給水温度が上昇する。」はエコノマイザの利点である。

問5　正解（2）

（2）胴板に生じる応力について、胴の**長手**継手の強さは、**周**継手の強さの2倍以上必要である。

問6　正解（2）

（2）**減圧**弁は、発生蒸気の圧力と使用箇所での蒸気圧力の差が大きいとき、又は使用箇所での蒸気圧力を一定に保つときに設ける。なお、バイパス弁は、修理等のときに流体をバイパス回路に迂回させるとき等に用いる。

問7　正解（3）

（3）渦巻ポンプは、羽根車の周辺に案内羽根の**ない**遠心ポンプで、低圧のボイラーに用いられる。羽根車の周辺に案内羽根のある遠心ポンプは、ディフューザポンプで、高圧のボイラーに用いられる。

問8　正解（2）

（2）水管ボイラーに比べ、保有水量が多いため、蒸気使用量の変動による圧力変動が**小さい**。

問9　正解（1）

（1）電磁継電器のブレーク接点（b接点）は、コイルに電流が流れると**開**となり、電流が流れないと**閉**となる。コイルに電流が流れると閉となり、電流が流れないと開となる電磁継電器は、メーク接点（a接点）である。

問10　正解（4）

（4）**減圧**弁は、暖房用蒸気ボイラーで、発生蒸気の圧力と使用箇所での蒸気圧力の差が大きいときの調節弁として用いられる。逃がし弁は、加熱に伴う水の体積膨張分を膨張水槽に逃がすための弁である。

〔ボイラーの取扱いに関する知識〕　→第2科目

問11　正解（3）

（3）水冷壁の吹出しは、**運転中に行ってはならない。**

問12　正解（1）

ボイラーの水面測定装置は以下のように取扱う。

A 水面計のドレンコックを開くときは、ハンドルを管軸に対し直角方向にする。

B 水柱管の連絡管の途中にある止め弁は、誤操作を防ぐため、全開にしてハンドルを取り外しておく。

C 水柱管の水側連絡管の取付けは、ボイラーから水柱管に向かって**上がり**勾配とする。

D 水側連絡管で、煙道内などの燃焼ガスに触れる部分がある場合は、その部分を**耐熱**材料で防護する。
よって、AとBが正しいので（1）が正解である。

問13　正解（2）

（2）運転停止のときは、燃料の供給を停止してポストパージが完了し、ファンを停止した後、自然通風の場合はダンパを**半開**とし、たき口及び空気口を開いて炉内を冷却する。

問14　正解（5）

（5）バーナが上下に2基配置されている場合は、**下方**のバーナから点火する。

問15　正解（2）

（2）スートブローは、**最大負荷よりやや低い**状態のときに行い、燃焼量の低い状態のときは行わない。

問16　正解（2）

（2）ボイラーのばね安全弁に蒸気漏れが生じた場合の措置として、安全弁の調整ボルトによりばねを強く締め付けることは、**絶対にしてはならない。**

問17　正解（1）

（1）灰の堆積による通風障害を防止することは、**外面清掃**の目的の一つである。

問18　正解（3）

ボイラーのたき始めに燃焼量を急激に増加させてはならない理由として、適切なものは、「（3）**急熱によるクラックや漏れを発生させないため。**」である。

問19　正解（4）

（4）水位を上下して水位検出器の機能を試験し、設定された水位の**下限**において正確に給水ポンプの起動が行われることを確認する。

問20　正解（2）

ボイラーのガラス水面計の機能試験を行う時期は次のとおりである。

(1) ガラス管の取替えなどの補修を行ったとき。
(2) 2個の水面計の水位に差異が**ある**とき。
(3) 水位の動きが鈍く、正しい水位かどうか疑いがあるとき。
(4) プライミングやホーミングが生じたとき。
(5) 取扱い担当者が交替し、次の者が引き継いだとき。
よって、必要性の低い時期は(2)である。

〔燃料及び燃焼に関する知識〕 →第3科目

問21 正解(2)
選択肢の中で霧化媒体を必要とするボイラーの油バーナは、「(2) **蒸気噴霧式バーナ**」である。

問22 正解(1)
(1) 硫黄分は、ボイラーの伝熱面に**低温**腐食を起こす。

問23 正解(5)
重油の加熱については、以下のことがいえる。
A 加熱温度が**高すぎる**と、いきづき燃焼となる。
B 加熱温度が**高すぎる**と、バーナ管内で油が気化し、ベーパロックを起こす。
C 加熱温度が低すぎると、すすが発生する。
D 加熱温度が低すぎると、霧化不良となり、燃焼が不安定となる。
よって、CとDが正しいので(5)が正解である。

問24 正解(1)
(1) 燃焼域での酸素濃度を**低く**する。

問25 正解(5)
(5) LPGは、漏えいすると**下降**して**床**近くに滞留しやすい。漏えいすると上昇して天井近くに滞留しやすいのは、LNGである。

問26　正解（4）

（4）高発熱量は、水蒸気の**潜熱**を含んだ発熱量で、**総**発熱量ともいう。

問27　正解（5）

（5）排ガス熱による熱損失を少なくするためには、空気比を**小さく**して完全燃焼させる。

問28　正解（2）

（2）石炭に含まれる揮発分は、石炭化度の進んだものほど**少ない**。

問29　正解（3）

（3）押込通風は、炉内が大気圧以上の圧力となるので、**気密が不十分であると燃焼ガスが外部へ漏れ出す**。

問30　正解（4）

（4）後向き形ファンは、高温・高圧・**大容量のものに用いられる**。

〔関係法令〕　→第4科目

問31　正解（5）

「（5）**過熱器**」は、法令上、ボイラーの伝熱面積に算入しない部分である。

問32　正解（4）

「鋳鉄製温水ボイラー（小型ボイラーを除く。）で圧力が［A　**0.3**］MPaを超えるものには、温水温度が［B　**120**］℃を超えないように温水温度自動制御装置を設けなければならない。」

問33　正解（2）

「所轄労働基準監督署長は、［A　**落成検査**］に合格したボイラー又は当該検査の必要がないと認めたボイラーについて、ボイラー検査証を交付する。ボイラー検査証の有効期間の更新を受けようとする者は、［B　**性能検査**］を受けなければならない。」

問34　正解（3）

（3）**1日**に1回以上水面測定装置の機能を点検すること。

問35　正解（4）

「ボイラーを設置した者は、所轄労働基準監督署長が検査の必要がないと認めたものを除き、①ボイラー、②ボイラー室、③ボイラー及びその［A　**配管**］の配置状況、④ボイラーの据付基礎並びに燃焼室及び［B　**煙道**］の構造について、［C　**落成**］検査を受けなければならない。」

問36　正解（4）

（4）伝熱面積が250m²未満である**240m²の貫流ボイラー**は、ボイラー取扱作業主任者として2級ボイラー技士を選任することができる。

問37　正解（3）

鋳鉄製温水ボイラー（小型ボイラーを除く。）に取り付けなければならない法令に定められている附属品は、「（3）**温度計**」である。

問38　正解（5）

（5）水の温度が**120℃**を超える温水ボイラーには、安全弁を備えなければならない。

問39　正解（3）

（3）給水装置の給水管には、**給水弁**を取り付けなければならないが、**逆止め弁**は取り付けなくてもよい。

問40　正解（1）

「設置されたボイラー（小型ボイラーを除く。）に関し、事業者に変更があったときは、変更後の事業者は、その変更後［A　**10**］日以内に、ボイラー検査証書替申請書に［B　**ボイラー検査証**］を添えて、所轄労働基準監督署長に提出し、その書替えを受けなければならない。」

Index　索引

数字・アルファベット

あ

か

さ

ま

や

ら

わ

著者

石原 鉄郎（いしはら てつろう）

ドライブシヤフト合同会社 代表社員。資格指導講師。保有資格は、ボイラー技士、冷凍機械責任者、建築物環境衛生管理技術者、消防設備士、給水装置工事主任技術者、管工事施工管理技士、建築設備士、労働安全コンサルタントほか。著書に『建築土木教科書 ビル管理士 出るとこだけ！』、『建築土木教科書 給水装置工事主任技術者 出るとこだけ！』、『建築土木教科書 2級管工事施工管理技士 学科・実地 テキスト＆問題集』、『建築土木教科書 1級・2級 電気通信工事施工管理技士 学科・実地 要点整理＆過去問解説』（いずれも翔泳社）などがある。

装丁・本文デザイン　植竹 裕（UeDESIGN）
DTP　明昌堂
漫画・キャラクターイラスト　内村 靖隆

工学教科書
炎の2級ボイラー技士 テキスト&問題集

2021年　8月27日　初版　第1刷発行

著　　者　石原 鉄郎
発 行 人　佐々木 幹夫
発 行 所　株式会社 翔泳社（https://www.shoeisha.co.jp）
印刷・製本　株式会社 廣済堂

本書へのお問い合わせについては、2ページに記載の内容をお読みください。

造本には細心の注意を払っておりますが、万一、乱丁（ページの順序違い）や落丁（ページの抜け）がございましたら、お取り替えします。03-5362-3705までご連絡ください。

ISBN978-4-7981-7201-9　Printed in Japan